地下水水位控制管理与实践

水利部水资源管理中心　编著

中国水利水电出版社
www.waterpub.com.cn
·北京·

内 容 提 要

本书共分为9章，第1章为绪论；第2章为地下水水位管控国内外研究进展；第3章为地下水水位的类型及概念；第4章为生态脆弱区地下水水位控制；第5章为超采区地下水水位控制；第6章为地面沉降区地下水水位控制；第7章为海水入侵区地下水水位控制；第8章为城市及重大工程沿线地下水水位控制；第9章为典型案例。

本书主要读者对象为从事地下水管理与保护的各级水行政主管部门管理人员或相关领域研究人员。

图书在版编目（CIP）数据

地下水水位控制管理与实践 / 水利部水资源管理中心编著. -- 北京 ： 中国水利水电出版社，2018.11
ISBN 978-7-5170-7161-7

Ⅰ. ①地… Ⅱ. ①水… Ⅲ. ①地下水位—研究 Ⅳ.
①P641.2

中国版本图书馆CIP数据核字(2018)第273150号

书　　　名	**地下水水位控制管理与实践** DIXIASHUI SHUIWEI KONGZHI GUANLI YU SHIJIAN	
作　　　者	水利部水资源管理中心　编著	
出 版 发 行	中国水利水电出版社 （北京市海淀区玉渊潭南路1号D座　100038） 网址：www. waterpub. com. cn E - mail：sales@waterpub. com. cn 电话：（010）68367658（营销中心）	
经　　　售	北京科水图书销售中心（零售） 电话：（010）88383994、63202643、68545874 全国各地新华书店和相关出版物销售网点	
排　　　版	中国水利水电出版社微机排版中心	
印　　　刷	北京市密东印刷有限公司	
规　　　格	170mm×240mm　16开本　11印张　209千字	
版　　　次	2018年11月第1版　2018年11月第1次印刷	
印　　　数	0001—1000册	
定　　　价	**52.00元**	

本书编委会

主　　任：于琪洋

副 主 任：张淑玲　赵　辉

主　　编：穆恩林　陈　莹

编写人员：董四方　欧阳如琳　于义彬　胡立堂

　　　　　蒋　咏　王海刚　窦　明　王清发

前　言

　　地下水是水资源的重要组成部分。近年来随着我国人口增长、社会经济快速发展，部分地区地下水开采量逐步增大，地下水严重超采，地下水位持续下降，危及供水安全，引发了社会问题。国家高度重视地下水问题，要求加强地下水的管理和保护，实行地下水取用水总量控制和水位控制。

　　以往对地下水的管理多集中在用水总量控制，然而由于地下水取水工程点多、面广、分散，实行严格的地下水总量控制面临诸多困难。由于地下水位易于监测的特点，相对于总量控制，水位变化更能直观、真实反映地下水资源变化状况，更能体现管理者在地下水管理中的绩效。在某种程度上，管理好地下水水位也就等于控制了地下水开采量。

　　2012年颁布的《国务院关于实行最严格水资源管理制度的意见》（国发〔2012〕3号）明确提出，实行地下水水位与水量双重控制管理。2011年中央一号文件明确要实行最严格的水资源管理制度，建立水资源管理"三条红线"，实行地下水水量和水位双重控制指标。因此加强地下水管理，实施地下水超采区和重要水源地的地下水水量和水位双重控制方案，使地下水开发控制在合理水平，维持降水-地表水-地下水的合理的水循环，维持合理的地下水位，对于减缓或消除地下水开发对环境的不利影响十分重要。

　　目前，地下水取水总量控制和水位控制制度体系尚未全面建立和推行，尚未制订统一明确的技术要求，但各地在地下水总量控制和水位管理方面已经开展了一些基础工作，也取得了一定成果。在总量控制方面，部分省（自治区、直辖市）已开展了流域和省级行政区层面上地下水取用水总量控制指标的分解工作，取水总量在逐一向市级、县级分解。江苏省在苏锡常地区实现地下水全面禁采，建立了开采总量控制制度和相关措施；甘肃石羊河流域已全面安装地下水取水计量设施，实现地下水开采监控；北京、上海、河北、山西、山东、新疆等地区地下水总量控制管理方面均取得不同程度的成效。在水位管理方面，目前，山东省开展了重点水源地地下水水位警戒线划定工作，江苏省开展了水位红线控制管理工作，山西、河北等省开展了相关地下水管理考核水位的研究实践工作，并形成许多可借鉴的经验。

本书总结归纳目前已开展的地下水水位管理经验，阐述地下水水位基本概念，提出合理水位及控制水位的概念，分别针对生态脆弱区、地下水超采区、地面沉降区、海水入侵区以及城市和重大工程沿线提出了控制水位划定方法，列举了典型案例，可为全国不同类型地区地下水水位管理提供参考和依据。

本书由穆恩林、陈莹负责总体框架设计并组织编写，主要编写人员有穆恩林、董四方、陈莹、赵辉、欧阳如琳、于义彬、胡立堂、蒋咏、王海刚、窦明、王清发，由穆恩林、陈莹负责统稿。本书编写过程中，很多专家和学者提出了宝贵意见，编者还参考、借鉴和引用了大量国内外有关专著、论文、标准和法律法规等资料，在此向他们表示衷心的感谢！

由于本书涉及多个学科的知识，加之编者水平有限，书中的缺点和错误在所难免，恳请广大读者提出宝贵意见。

编者

2018 年 11 月

目　录

第1章

绪　论

1.1　地下水的基本概念

1.1.1　地下水的分类

地下水通常按照含水介质和埋藏条件分类。本书根据水位研究需要主要根据埋藏条件分类，即按含水层在地质剖面中所处部位和含水层与隔水层的相互组成关系为分类依据，可将地下水分为潜水和承压水两大类。

潜水是指埋藏在地表以下，第一个稳定隔水层之上，具有自由水面的重力水，该自由水面称为潜水面；从潜水面到隔水层顶面的垂直距离称为潜水层的厚度；从地面到潜水面的垂直距离称为潜水埋藏深度，简称潜水埋深；从潜水面到参考基准面的垂直距离称为潜水位。

承压水指充满与两个隔水层之间的饱水岩层中的水。承压含水层隔水顶板到底板的垂直距离称为含水层厚度；当钻孔刚开始凿穿隔水顶板时，在钻孔中出现的水位称为承压水初见水位；当停止钻进时，这个水位等于隔水顶板的高程；如果继续钻进，承压水将沿钻孔上升，最后稳定的水位即为该处的测压水位或称承压水位；自隔水顶板到测压水面之间的垂直距离称为该处的测压管高度，它表示该点隔水顶板所承受的水压力值。测压水位高于地表时，钻孔能自喷出水。

1.1.2　地下水的循环和补给

自然界的水以气态、液态和固态分布于地球的大气圈、水圈和岩石圈中，各相应圈中的水称为大气水、地表水和地下水。它们彼此之间都有着密切的转化关系，这种关系主要是通过水的循环来实现的。水从海面蒸发，凝结降水至陆地，再以蒸发及径流等形式返回海洋，即完成一次循环，称为大循环或外循环。当海面蒸发又降至海面或由陆地江、河、湖蒸发及植物蒸腾又降至陆地，则称为小循环或内循环。地下水不仅可以参与小的水循环，也同样可以参与大的水循环，即大气降水至地面，一部分产生地表径流形成地表水，同时有一部分大气降水经地面入渗形成地下水；地下水再以径流或蒸发的形式，转化为地表水或大气水。大气水、地表水、地下水就是这样不断地进行着循环，而为人类所利用。

地下水补给、径流、排泄决定着含水层的水量与水质在空间和时间上的变化，同时，这种补给、径流、排泄的无限往复进行，构成了地下水的循环。地下水的补给来源有大气降水、地表水的补给，大气中和土壤中水汽的凝结，含水层之间的补给，人工补给等。在多数情况下，大气降水是地下水的主要补给方式。大气降水补给地下水的数量受到很多因素的影响，如降水的强度、形式、植被、包气带岩性、地下水的埋深等。地表水（包括河流、湖泊和水库）的入渗也是地下水补给的重要来源。河水对潜水的补给，在河流下游最为突出。例如我国著名的黄河下游黄泛平原现代河床高出两岸地面，大量的河水下渗补给潜水；在河流中游，河水位与潜水位的关系随季节而变。洪水期河水水位比潜水位高，河水补给潜水，枯水期则相反；在河流上游，河谷深切，潜水位常年高于河水位，潜水向河流排泄；在山前地带，堆积作用加强，河床抬高，潜水位埋深较大，因而冲洪积扇经常是河水补给潜水。

地下水的排泄方式可分成垂直排泄和水平排泄。地下水的垂直排泄包括潜水蒸发、人工开采、越流补给等形式。潜水蒸发是地下水垂直排泄的重要途径之一，尤其在河流的中下游平原地区，地形平坦，沉积物颗粒细小，地下水埋藏浅，径流缓慢，蒸发成为潜水天然消耗的主要途径。潜水垂直排泄的另一个途径是人工开采，有些地区人工开采量远远超过潜水蒸发量，已成为当地潜水垂直排泄最主要的方式。地下水垂直排泄的再一个途径是越流排泄，包括潜水与承压水之间的越流补给，以及承压含水层之间的越流补给。地下水的水平排泄，主要沿水平方向流出含水层，在地表出露形成下降泉（潜水）和上升泉（承压水），或与地表水体（如河、湖、海洋）相通时即转化成地表水。

1.2　我国地下水资源管理的现状

（1）地下水是重要的基础资源和战略资源，是生态与环境的主要控制性要素。地下水的开发利用不仅支持和保障了当地经济社会的持续发展，且在缓解日趋紧张的区域水资源供需矛盾中的重要意义也日益凸显。地下水资源管理是水资源管理的重要组成部分，主要包括地下水资源权属管理和与权属管理有关的水资源开发、利用、节约保护的行政管理。行政管理包括运用法律、行政、经济、技术等手段对水资源的分配、开发、利用、调度和保护进行管理，以使水资源可满足社会经济持续发展和生态环境保护的需要。地下水资源管理涉及的内容很广，既包括《中华人民共和国水法》等有关法律法规确立的管理工作，同时也涉及与地下水管理有关的技术工作内容。就水行政管理方面来讲，地下水资源管理主要包括地下水资源评价、地下水资源规划、地下水资源管理、地下水资源开发利用监督管理、地下水资源保护、地下水动态监测与信息发布等内容。我国目前的地下水资源管理以宏观、定性化管理与保护为主，地下水资源保护主要包括地下水超采区治理、地下水水源地保护、矿产资源开发区地下水保护、地下水污染预防、地下水补给等。

（2）地下水超采是我国地下水资源面临的主要问题，超采区治理是我国目前地下水资源管理的主要工作内容。地下水的过度开采，会造成一系列的生态和环境问题，这些问题一旦出现，将难以治理与恢复。近年来，一些地区对地下水规律和有限性认识不足，重开发轻保护，造成地下水超采严重，已严重威胁经济安全、生态安全和社会稳定。《中华人民共和国水法》中规定"在地下水超采地区，县级以上地方人民政府应当采取措施，严格控制开采地下水。在地下水严重超采地区，经省（自治区、直辖市）人民政府批准，可以划定地下水禁止开采或者限制开采区。在沿海地区开采地下水，应当经过科学论证，并采取措施，防止地面沉降和海水入侵。"《国务院关于实行最严格水资源管理制度的意见》要求各省（自治区、直辖市）人民政府要尽快核定并公布地下水禁采和限采范围。在地下水超采区，禁止农业、工业建设项目和服务业新增取用地下水，并逐步削减超采量，实现地下水采补平衡。2012—2014年水利部组织各省（自治区、直辖市）水行政主管部门开展了全国平原区地下水超采区评价工作。从已查明的情况看，全国地下水资源状况不容乐观，全国地下水开采总量已逾 1100 亿 m^3，北方部分地区地下水供水量占供水总量的比例超过70％；21 省（自治区、直辖市）平原区存在地下水超采区，其中 19 省（自治区、直辖市）存在地下水严重超采区，全国平原区地下水超采区总面积约 30万 km^2，加强地下水管理和保护势在必行。目前各地正采取综合措施治理地下水超采。江苏省苏锡常地区从 20 世纪 90 年代中期开始限采地下水，现已基本实现地下水全面禁采。浙江省杭嘉湖地区以及沿海平原区也都实施了地下水禁采与限采工作。河北省从 2014 年开始开展地下水超采综合治理试点工作，采取了多种措施治理超采。北京、天津、陕西等地也都开展了相关工作。

（3）目前地下水资源管理的许多工作都围绕防治地下水过度开发引发的环境地质问题开展。水资源短缺地区易发生地面沉降。由于这些地区地表水严重匮乏或遭到污染，为保障饮水安全、粮食安全及经济社会发展，许多城市和农村地区不得不大规模开发利用地下水，地下水大规模开发利用在保障国家粮食安全和经济社会发展的同时，也造成了部分地区地下水严重超采并引发地面沉降。此外，一部分地区的产业结构和布局不合理，不考虑当地水资源条件，盲目开采地下水，发展高耗水高污染企业，更加剧了地下水超采和地面沉降。由于这些地区地下水替代水源有限，难以实行地下水大规模禁采和限采，加大了地面沉降防治工作的难度。国土资源部和水利部联合印发的《全国地面沉降防治规划（2011—2020年）》针对由地下水、地下热水、油气等地下流体资源开采和工程建设等人类工程活动所引发的地面沉降做了全面部署。

1.3 地下水"双控"管理问题

1. 地下水资源量变化情况掌握不及时

掌握地下水资源量变化情况是地下水总量控制管理的前提和基础。我国曾于20世纪70年代末、80年代初组织开展过全国第一次水资源调查评价工作；90年代末开展的第二次全国水资源调查评价主要是对第一次评价的修订。近30年来，随着我国经济社会的发展，水库工程、河渠防渗工程的大力修建、田间节水技术的普及推广和气候变化的影响，很多地区实际地下水资源量相比原评价结果已发生了很大的变化，需要进一步修正。以原地下水资源评价成果为基础确定地区地下水控制总量已与实际产生较大偏差。

2. 难于控制取水总量

机井是地下水开发利用的主要方式，根据资料显示，北方平原地区农业灌溉地下水开采量往往占本地区地下水开采总量的60%以上，部分地区甚至达到80%以上。虽然目前各级水行政主管部门建立了不同层次、不同内容的地下水机井管理制度，并通过普查、定期上报等形式对区域地下水机井信息报送工作作出了规定，但由于信息登记管理工作量大、原有基础薄弱，保障措施不到位、工程分布较为分散、水资源费收取利益驱动等客观原因，地下水机井管理工作往往偏重于城市集中水源地及工业用途规模以上机井，对农业用途及农村地区的地下水机井管理显得较为薄弱。农业机井数量和地下水开采量难以有准确的统计和监测，地下水开采总量统计值与实际值往往有较大出入，难以实行严格的地下水总量控制。

3. 水位管理薄弱

实施取水总量控制和水位控制管理是维系地下水资源可持续利用、保护生态环境的重要保证。目前，全国部分省份如江苏、山西、山东等省在水位管理和考核方面进行了有益的实践与探索，如江苏省从预防地面沉降为目的划定了控制水位，山西省也规定了各地地下水位下降幅度控制线并纳入地方政府考核的内容，山东省也对各市地下水位变化情况进行考核。但是目前尚未出台全国统一、科学合理、普遍适用、易于操作的地下水控制水位划定方法和相关技术要求。地下水水位控制在许多地区尚未实施，我国地下水位管理工作尚处于起步阶段。

　　4. 缺乏地下水"双控"管理制度和成熟的运行机制

　　从全国来讲，地下水取水总量控制管理和水位控制管理在我国已出台的涉水法律法规和制度中只是作了原则规定。从地方来讲，部分省市通过法规文件对加强地下水取水总量控制作出了一些规定，如河北省出台了《关于实行最严格水资源管理制度的意见》，辽宁省出台了《禁止开采地下水的规定》，山东省出台了《用水总量控制管理办法》，江苏省出台了《关于实行最严格水资源管理制度的实施意见》，新疆维吾尔自治区出台了《凿井管理办法》，甘肃省出台了《石羊河流域水资源管理条例》《酒泉市地下水资源管理办法》，青海省出台了《西宁市限采地下水和关闭地下水源管理规定》等关于地下水涉及地下水总量管理和水位控制的制度和措施。但各地均缺少将地下水取水总量与水位控制相结合的管理办法，没有形成地下水"双控"管理成熟的运行机制。

1.4　地下水水位控制的重要性

　　地下水的动态特征与其赋存的水文地质条件密不可分，而地下水开采与生态环境的相互作用通过地下水位变化来反映。因此，地下水资源管理必须结合管理区的水文地质条件、地下水的开发利用情况，分析地下水位的动态变化因素，确定地下水位控制指标，以确保地下水在未来的开发利用过程中不引起环境地质问题或不加剧已有的环境地质问题，实现地下水资源的可持续利用。地下水严格管理的内涵是以水循环规律为基础，严格控制地下水开采、达到采补平衡、并不引起地下水污染，对地下水资源进行依法管理和可持续管理，旨在提高地下水资源配置效率、节约和保护地下水资源。从地下水严格管理技术支撑体系来看，就是研究地下水开采量与环境地质问题的相互关系，确定保护地下水资源、控制相关环境问题的控制水位，通过对地下水取水总量的控制和地下水位控制，制定适用于不同地下水类型的地下水资源管理和保护制度，提出相应的政策、措施和绩效考评指标体系等，达到保护地下水资源的目的。

1.5　地下水水位控制管理需求

　　地下水水位控制是地下水资源管理的重要抓手，也是超采区治理的量化手段，是地下水精细化管理的必然需求，更是实现地下水资源可持续利用的必要条件。《国务院关于实行最严格水资源管理制度的意见》要求加强地下水动态监测，实行地下水取用水总量控制和水位控制。地下水既要确定合理水位，又要划定管理水位，合理水位是保持地下水水量平衡及生态环境健康的自然属性，管理水位是地下水资源管理的控制手段；既要划定水位下限，也要划定水位上限，地下水位低于下限会引发环境地质问题，水位过高会导致土壤盐渍化和破坏地下建筑等问题；既要有问题导向的要求，又要适合不同行政区划的要求，地下水位控制在实际操作中往往通过行政手段来完成，因而提出适用于不同行政区划的管理水位也十分必要。总之，地下水位要具有可操作性，充分考虑地下水总量控制，满足供水安全，达到采补平衡。

1.6　小结

人们在对地下水开发利用中出现的环境地质问题进行研究时，逐渐意识到地下水位在解决各类环境地质问题中的重要性。目前，有关地下水控制管理的研究多从揭示地下水与环境问题的关系出发，研究地下水位的临界埋深、适宜水位，进而提出对地下水位的控制。国内外有关地下水位的研究多集中在小尺度、局部区域内依据生态环境问题划定地下水临界水位的研究。对于大区域、大尺度地下水水位控制管理的研究尚处于起步阶段，方法也并不完善，全面系统的研究成果并不多见。因此在以后的研究中，应在该方面进行全面总结，综合分析，寻找一套合理的适用于大尺度、大区域范围的地下水水位控制的方法，制定出不同条件下不同区域地下水控制水位，这对我国地下水的管理有着重要的理论意义和现实意义。

第2章

地下水水位管控国内外研究进展

地下水水位状态是水文地质要素的综合反映，它不仅间接反映了地下水补给、径流和排泄条件的综合变化规律，同时也是可用于判断是否出现环境问题以及其严重程度的重要指标。从地下水资源可持续利用角度看，合理的地下水位的确定是地下水可开采资源评价和地下水取水总量控制的重要依据。地下水位动态监测是直接了解地下水状态的重要手段。通过地下水位动态监测数据的分析，可以了解和掌握地下水的盈亏状况，相对于取水总量的监督而言，更容易进行推广和实时管理。我国已经建立起了分布广泛的地下水监测网络，使得通过地下水位来监控和管理地下水资源成为可能。

2.1 国内外研究进展

2.1.1 国外研究进展

自苏联土壤学家波勒诺夫在 1931 年提出"地下水临界深度"的概念以来，许多学者对土壤水盐在剖面中垂直运动规律及其调控进行了大量研究工作，主要讨论的问题是确定潜水位临界埋深以及怎样把潜水位控制在临界深度以下，以防止盐分在根层的积累。国外对地下水水位管控问题的研究，主要集中在地下水资源的管理与地下水动态预报、地下水与生态环境的关系（如地下水位埋深与植物生长）和地下水埋深与土壤盐渍化的关系。

在地下水位埋深与植物生长的关系方面，Tyree 研究了植被生长状况与地下水位之间的关系。Prathapar 等分析了作物产量与地下水位埋深的关系。Horton 等针对植物在不同地下水位埋深的生理反应进行了研究，提出了植物进行光合等生理作用的地下水位埋深阈值。Kahlownd 等发现地下水位埋深不同，作物吸收的地下水量不同，产量也不同，通常情况下作物生长的最佳水位埋深为 1.5～2.0m。Eamus 等发现，在缺水环境，陆生植被的生存与演变依赖于能否从潜水面或毛细带直接吸取水分。Lubczynski 在干旱荒漠地区研究发现树木根系能延伸到地下数十米，还可以直接从潜水面吸取蒸腾水分。

在地下水埋深与土壤盐渍化的关系方面，早在 1992 年，Thourburn 就应用稳定流理论描述了土壤水蒸发排放量与地下水位埋深的关系。Prathapar 等建立了半干旱区潜水含水层的灌溉亏缺影响模型，对于土壤盐渍化、地下水位埋深及蒸腾进行研究。R. Rli 通过一个土壤盐度模型（LEACHC），建立了土壤盐渍化和植物生长、地下水位埋深之间的关系，得出了与地下水电子传导率、土壤含盐量相关的地下水位适宜埋深（1.8m），在这一埋深条件下，灌溉量可达到作物总蒸发量的 80%，不引起潜水面毛细上升，且使作物产量趋于合理。这些研究成果表明，土壤盐渍化是由于地下水位埋深过浅，土壤水的有限最大稳定上升通量过大，从而导致土壤积盐造成的，地下水存在一个合适的埋深（2.5～3.0m），在该埋深条件下，既不会减少作物的产量，也不会引起土壤的盐渍化。Y. Benyamini 等研究发现，在半承压含水层中同时安装减压井和混合排水系统是最有效的排水方法，通过对地下水位埋深、地下水矿化度、土壤盐渍度的监测，以及地下水位和电导率的关系分析发现，地下水位埋深大于或等于 1m 可以有效抑制土壤盐渍化的发展。

在地下水位与地质环境方面，多集中于地面沉降、地面塌陷等。如，Thierry 等研究了地下水位变化时的岩溶溶解作用，证明了地下水位在基岩顶板与土层界面上的长时间强烈波动是导致岩溶地面塌陷的根本原因。

2.1.2　国内研究进展

在我国，由于地下水不合理开发利用导致了一系列的生态环境、地质环境问题，相应地，专家和学者对这些环境问题以及直接或间接诱因——地下水位（埋深）也做了很多研究工作，主要目标是使地下水处于良性循环状态中，不产生或较少产生生态环境和地质环境问题。

袁长极在 1962 年提出"地下水临界深度"的概念，即土壤开始返盐时的地下水埋深，并根据土壤水分资料来确定临界深度，从而确定了轻质土和黏土的地下水临界深度分别为 2.4m 和 1.2m 左右。20 世纪 90 年代，张惠昌从生态平衡出发，提出了"地下水生态平衡埋深"的概念，即在无灌溉的天然状态下，不致发生植被退化、土地沙化、土壤盐渍化问题而保持生态平衡的地下水埋深，在此基础上提出石羊河流域下游民勤地区的生态平衡埋深为 2～5m。郭占荣等在分析了土壤盐渍化发育特点与地下水位的关系基础上，提出了"地下水动态临界深度"的概念，认为一个地区的地下水临界埋深并不是一成不变的。

张长春等多次研究了地下水位与生态环境效应之间的关系，认为不同地区地下水临界水位的上、下限的内涵和指标存在差异。在内陆盆地，合理生态水位上限是潜水蒸发强烈深度，下限是潜水蒸发极限深度；在华北平原，合理生态水位上限是土壤不发生盐渍化的水位，下限是有利于地下水得到最大补给的地下水位；若以植物生长作为指标来看，其上、下限分别为控制土壤表层积盐量在适宜作物生长范围内的最小地下水位埋深和不引起天然植被衰败的最大地下水位埋深。地下水位是影响生态环境地下水诸要素（地下水位、潜水矿化度、土壤含水量、土壤含盐量）中最重要的影响因素。樊自立等研究了地下水埋深与生态环境状况的关系，将地下水临界埋深划分为沼泽化水位、盐渍化水位、适宜生态水位、植物胁迫水位及荒漠化水位5种类型，并确定其相应的埋藏深度。根据潜水蒸发与土壤盐渍化与荒漠化的关系，把适宜生态水位确定在2～4m，即潜水强烈蒸发深度以下与蒸发极限深度之上的区间。杨泽元以陕北风沙滩地区为例，提出了"生态安全地下水位埋深"的概念，确定了风沙滩地区生态安全地下水埋深为1.5～5m。谢新民等初步探讨了地下水控制性关键水位的概念和划分原则，并在此基础上得到了西北、华北、东部沿海地区未超采区、采补平衡区和超采区红、蓝线水位分析结果。赵辉等从地下水不合理开发利用引起的环境问题出发，选取华北地区、西北地区以及沿海地区作为典型区，分析地下水位对环境的控制作用，提出了具有针对性的地下水位控制阈值，得出华北平原有利于山前调蓄的地下水位埋深为10m、中东部平原浅层控制土壤盐渍化水位埋深为2～3m、防止地裂缝的水位埋深为7m、深层控制地面沉降的水位埋深为50m、浅埋岩溶区地下水位应控制在岩溶含水层上覆的松散岩类的底板高程（2.00m）之上；西北地区控制天然植被衰败的地下水位埋深为2.0～4.5m，人工绿洲灌溉期控制土壤盐渍化的地下水位埋深为1.2～1.5m，非灌溉期中冻结期地下水位埋深为1.3～1.5m，冻融期为2.2～2.7m；沿海地区防止海水入侵的地下水位阈值应控制在水位高程−6.00～−5.00m，最大不超过−8.00m。施小清等根据江苏省水文地质条件、开发利用状况及地质环境现状，提出了以预防地面塌陷、地面沉降和含水层疏干3种条件为制约条件的控制性关键水位，同时给出各类约束条件下的红线划定参考方法。众多概念和理论的研究成果多是从地下水位与环境问题的关系方面得来的，试图寻求地下水的适宜水位，也就是能够维持良好的地下水环境、保证地下水可持续开发利用、发挥地下水资源环境功能的地下水位或地下水埋深。

地下水水位与土壤盐渍化的关系研究较早，而且内容较多。早在1957年，任鸿安就对土壤上层盐渍化的范围与地下水位的关系进行过相关的研究；之后在60年代，熊毅、黄荣翰、王遵亲等都认识到，进行地下水排水、控制地下水位在防止土壤次生盐渍化中的重要作用。从满足植被生长需要的角度，宋郁东等把满足干旱区非地带性天然植被生长需要的地下水位埋藏深度称作生态地下水位，把既能减少地下水强烈蒸发返盐、又不造成土壤干旱而影响植物生长的地下水位称为合理地下水位。王让会、宋郁东等列举了塔里木河流域沼泽化地下水位、盐渍化地下水位和沙漠化地下水位的范围和主要特征。针对西北干旱区特定的生态环境条件，通过凝结水对沙生植物作用的分析以及地下水位埋深对植物生长和土壤盐渍化影响的分析，崔亚莉和邵景力等认为在土壤盐渍化地区，地下水位不宜过深也不宜过浅，以零通量面最大发育深度加上毛细上升高度为宜，因此提出了地下水最佳生态环境埋深的概念，并实验得出西北干旱地区地下水最佳生态环境埋深为 2.5m。在分析灌区土壤次生盐渍化发育特点的基础上，郭占荣等提出了地下水动态临界深度的概念，并根据天山北麓平原灌区气候、耕作和灌溉的特点，确定该地区地下水动态临界深度是：解冻始为 2.0～2.5m，春灌始为 2.5～3.0m，春灌末为 1.2～1.5m，夏灌末为 2.0～2.5m，冬灌始为 2.5～3.0m，冬灌末为 1.3～1.5m（郭占荣等，2002）。众多的学者在地下水位与土壤次生盐渍方面进行了大量的研究，范围包括西北、东北、华北、黄河三角洲等。研究表明，土壤次生盐渍化与地下水位埋深密切相关，控制地下水埋深在合理的范围内是防止盐渍化发生的重要途径。

在地下水位与植被生长和生态关系方面，许多学者注意到地下水位与植被和生态的关系，尤其是在干旱半干旱等缺水地区，针对两者的关系分别提出了"地下水生态平衡埋深""生态水位线"和"生态安全地下水位埋深"等相关概念。张凤英等分析了淮北砂姜黑土区降雨、地表水、地下水的特点，提出了该区不同要求的地下水适宜埋深，防止作物受渍的地下水适宜埋深经实验研究为 0.5m，且是在降雨持续时间为 2d 的条件下；防止作物受旱的地下水适宜埋深为 1.0m。高长远认为干旱区绿洲地带水土开发的生态平衡埋深为 4～7m。塔里木河下游胡杨脯氨酸累计对地下水位变化的响应表明，3.5～4.5m 为塔里木河下游胡杨生存的合理地下水位，4.5m 以下为胡杨正常生长的胁迫水位，而当地下水位在 9～10m 之间时，为塔里木河下游胡杨生存（死亡）的临界地下水位（陈亚宁、陈亚鹏等，2003）。在内陆盆地，大多数植物呈良好生长状态的潜水埋深下限指标是 2.0～2.5m，出现稀疏衰败状态的潜水埋深临界指标是 4.0～4.5m（姚斐、周金龙，1997）。盖美、耿雅冬等（2005）根据海河流域各地区具体的水文地质条件（主要指地下水的赋存条件），结合地下水开发利用存在的环境问题，分别给出了山前平原、中部平原区浅层和深层区以及滨海地区生态水位的确定方法、确定依据以及合理的生态水位阈值。杨泽元（2006）通过对秃尾河流域主要植物发育与地下水位埋深关系的野外调查和室内综合分析，在分析包气带剖面土壤含水量和含盐量的分布规律的基础上，研究了地下水与表生生态环境之间的关系，确定了流域内沙柳和旱柳的适生含水量和含盐量；提出了小于 1m 是盐渍化水位埋深，1～3m 是最佳适生水位埋深，3～5m是乔灌木承受水位埋深，5～8m是警戒水位埋深，8～12m是乔木衰败水位埋深，大于12m是乔木枯梢水位埋深等，为地下水资源合理开发和生态环境保护提供了科学依据，具有重要的理论和实际意义。汤梦玲等认为随着地下水位埋深增加，西北内陆河流流域下游植被群落演替规律明显。陈亚宁等分析了塔里木河下游植物物种多样性与地下水位埋深的相关性。樊自立等、郝兴明等、张惠昌、郭占荣等、孙才志等、杨泽元等、金晓媚等、钟华平等众多学者都对植被适应地下水适宜水位或临界水位进行了相关的研究。上述概念和研究虽然研究的角度不同，出发点不同，但其核心问题都是合理的地下水位埋深。如果地下水位在该范围内，生态环境朝着良性方向发展，否则就会向恶性方向发展。

在地下水位与地质环境方面，主要关注地面沉降、海水入侵和地裂缝等内容。姜晨光等根据多年城市地表沉降及城市地下水位监测资料，系统分析了地下水位变化与城市地面沉降的关系，并给出了城市地表沉降的数学模型。白永辉等分析了沧州市的地下水位与地面沉降、地裂缝等地质灾害发育的关系，得出深层地下水水位降深70m可作为控制地面沉降发展的警戒水位降深、浅层地下水水位埋深7m可作为地裂缝多发的警戒水位埋深的结论。黄健民等对广州金沙洲岩溶区地下水位变化与地面塌陷及地面沉降关系进行了探讨，认为区内岩溶地面塌陷及地面沉降受控于地下水位的变化，地下水位波动至基岩面附近时，是地面塌陷较活跃的时期，地面沉降与地下水位变化呈正向相关。近几年，陈蓓蓓等、杨勇等、姜媛等、沈宥宁、罗文林等许多学者相继研究了北京市地面沉降与地下水位的关系，对北京市合理开采地下水、地面沉降的综合治理提供了理论参考。众多的研究结果都显示，地面沉降、地面塌陷、地裂缝等地质灾害与地下水位有着紧密的联系，控制地下水位是防止此类地质灾害发生的重要措施。海水入侵地区，海水入侵的程度可以由地下水位和 Cl^- 浓度的关系来表示，河海大学荆艳东（2005）以大连市为例，运用相关分析、人工神经网络等方法，研究了地下水开采量、地下水位与海水入侵的关系，在此基础上，提出了控制海水入侵的地下水开采阈值和临界地下水位（1.30～3.41m）。

2.2　水位控制阈值的研究方法

目前有关地下水位控制的研究方法主要有野外调查和综合分析法、模型方法、遥感方法、神经网络法、回归分析法等。

2.2.1　野外调查和综合分析方法

野外调查和综合分析法多见于土壤水分运移与植被、地下水位关系方面的研究，通过大量监测数据来分析地下水位与生态之间的关系，参考标准包括植物的长势和组成情况。陈亚宁等对塔里木河下游断流河道 2000—2002 年 9 个地下水监测断面和 18 个植被样地的实地监测资料分析表明，地下水埋深对天然植被的组成、分布及长势有直接关系，地下水位的不断下降和土壤含水率严重丧失是引起塔里木河下游植被退化的主导因子，四次输水促使了下游地下水位的抬升，天然植被的响应范围由第一次输水后的 200～250m 扩展到第四次输水的 800m。郝兴明等依据塔里木河下游 7 个监测断面 36 眼地下水位监测井和 36 个植物样地野外采集的数据对地下水位和物种多样性的特征关系进行了分析，结果表明，塔里木河下游物种多样性与地下水埋深有显著的关联性，随着地下水埋深增大，塔里木河下游物种丰富度和多样性均表现出递减趋势，并且以地下水埋深 6m 和 10m 为界，多样性变化明显分为 3 个不同的变化阶段，其中地下水埋深在 6m 以下时，多样性锐减，塔里木河下游物种多样性受损的临界地下水位为 6m 左右。李明等在野外调查统计分析的基础上，运用基于根群理论确定了新疆皮墨垦区不同岩性、不同矿化度地下水位的临界埋深。

2.2.2　模型方法

模型方法是研究地下水位与生态环境之间的关系和进行预测分析的有力工具。Thourburn 等应用稳定状态水流理论描述了土壤水蒸发量与地下水位埋深的关系，并以"土壤含水量-土壤水蒸发量-地下水位埋深"三者之间的相关关系作为地下水生态环境指标。陈崇希等通过建立一个"三维流动——维非线性固结地面沉降"模型，对地面沉降与地下水之间的关系进行了模拟，认为地下水的运动实际是"地下水开采→地下水水头下降→土层固结→土层孔隙率减小→渗透系数降低，反过来又影响地下水"的复杂过程。崔亚莉等运用 MODFLOW 软件，建立了基于分布参数的地下水流模型和地面沉降土水耦合模型，以北京 1995 年开采水平为基础，预测了 2005 年、2010 年研究区地面沉降的分布范围。张丽等根据塔里木河干流流域典型植物的随机抽样调查资料，建立了干旱区几种典型植物生长与地下水位关系的对数正态分布模型，并根据建立的模型得出干旱区典型植物的最适地下水位、适宜地下水位区间及其对环境因子的忍耐度。姜晨光根据滨海平原多个城市多年地表沉降及城市地下水位监测资料，系统地分析了地下水位变化与城市地面沉降的关系，并利用计算机模拟的方法，给出了该类城市地表沉降的数学模型。郑玉平等利用 Processing MODFLOW 软件，对地面沉降与地下水流场相关关系进行了数值模拟研究，并证明了模拟结果能较好地反映沉降的变化过程。

2.2.3　遥感方法

遥感方法的普及为相关的统计工作提供了便捷，在地下水位的控制与管理中，遥感方法多用于根据反演数据的统计结果，并结合其他手段，进行相应的分析研究工作。金晓媚等借助遥感方法，并结合地下水水位监测数据，在区域尺度上定量地研究了我国黑河下游额济纳地区地下水水位埋深及与植被生长的关系。李龙利用遥感技术，结合遥感数据和地下水位埋深状况，分析了地下水位、植被覆盖与蒸散强度之间的关系，为黑河流域地下水资源量的计算以及水资源的合理开发与可持续利用等提供依据。

2.2.4　神经网络法

人工神经网络是一门新兴的交叉学科，是模拟人脑智能结构和功能而开发出来的信息处理系统，具有非线性、不确定性和并行处理的强大功能，在地下水位动态预测中有着广泛的应用。Lallahem 利用人工神经网络方法（ANN）模拟了法国北部白垩系非承压含水层（裂隙水）地下水位，通过确定主要参数和模拟地下水位使得神经网络法应用于水资源管理领域。Ioannis 论证了人工神经网络合理的结构设计可以模拟地下水位的下降趋势，提供未来 18 个月较精确的地下水位预测。在国内神经网络法在地下水动态预测中也有着广泛的应用，温忠辉等、郑书彦等、霍再林等、迟宝明等、郭瑞等、姜波等、张斌等、刘博等、许骥等众多学者，应用神经网络法，在地下水动态变化趋势方面做了大量的研究，并取得了显著的成果。

2.2.5　回归分析法

回归分析法在地下水位动态预报中有着广泛的应用，常见于地下水的长期或中短期地下水位系统预测中。依照考虑影响因素的数目及其间存在的关系分为一元线性回归模型、多元线性回归模型、多元非线性回归模型、逐步回归模型、自回归模型。潘云等应用 1960—1993 年天津市地下水开采、地下水位及地面沉降 34 年的实际资料，运用线性回归的方法，建立了地下水位变化、地面沉降与地下水开采的关系，并据此对后 9 年的地面沉降进行了预测。贾莹媛等为了探究地下水位与地面沉降的关系，对沧州市沧县各个地下含水组的地下水位变化、最大沉降量进行数据统计分析，建立了该地区基于含水组地下水位的多元回归模型，对该城市区域的地面沉降趋势进行了预测，并且分析各个地下含水组对地面沉降影响的相关程度，并证明了第Ⅲ含水组地层是沧州市沧县形成地面沉降的最主要因素。姜媛等对北京顺义地区天竺地面沉降监测站多年分层地面沉降及对应含水层组地下水位监测数据进行统计分析，建立了该地区基于累计沉降量与含水层组水位标高、水位变幅及水位波动的多元回归模型，研究了分层地面沉降与地下水位变化的定量关系。因为地下水位降落漏斗与地面沉降保持着较好的一致性，回归分析方法在研究地下水位与地面沉降的关系方面有着较好的应用。

2.3　水位控制方法的应用

地下水位与生态环境之间存在着密切的联系，研究者们也开始把地下水位与自然的关系作为控制地下水位的依据，进行相关的地下水位控制管理研究工作。在国外，Bekesi 等依据湿地和原生植被确定了控制性地下水位，建立了澳大利亚佩斯市的地下水水位响应管理系统，对该区短期和中期的水位管理具有矫正作用，并可以找出潜在的问题区域；Furun 等研究了日本关东盆地地面沉降与地下水位的关系，并建立了针对地面沉降的地下水水位监督管理系统，有利于促进水资源的可持续利用；Liu 等研究了高水位可能产生的地下设施渗流安全问题和低水位可能出现的地面塌陷问题，通过水量均衡和安全用水量分析，确定地下水水位的安全上限为 7.5m。

在国内，地下水资源管理中以水量作为控制管理目标的研究相对较多，并通常将地下水可开采量作为约束条件，建立地下水用水量体系。但由于单一的水量控制存在诸多弊端，如开采量是评价后的指标，不能进行实时的监测；局部开采在可开采控制范围内，整体则超出可开采量的问题等。而地下水位不仅可以反映地下水的补给、径流、排泄的随机变化，还可以据此判断是否会发生环境问题及严重程度，并且相较于取水总量的监督而言，易于推广和实时管理。因此将地下水总量控制与地下水位控制管理相结合，针对不同地区、不同地下水类型、不同地下水开采程度以及面临的不同环境地质问题，进行地下水位控制管理研究，对于取水总量控制的优化管理和有效实施，保护水资源具有重要的意义。

近年来，我国诸多学者对地下水取水总量控制和地下水位控制的"二元"控制管理体系进行了研究。2007 年，谢新民等提出将单一的水量控制转化为地下水位及水量双控制的新理念，分析和探讨了地下水控制性关键水位的类别划分以及蓝、黄、红区的划分依据和原则，并结合西北、华北和东部沿海地区普遍存在的地下水问题，提出了西北型、华北型和东部沿海型地下水蓝线水位和红线水位等的具体划分依据。随后 2012 年，闫学军等基于天津市用水量的现状，提出了探索建立水位动态平衡及取水总量控制的双重约束机制。2013 年，李发文等基于天津市地质和水文地质条件，建立了三维地下水流动数值模型，耦合一维土壤固结模型和 MODFLOW 模型，以此确定各部门用水定额及地下水的蓝线水位和红线水位，实现水位和水量的双重控制。之后陈文芳等研究了中国典型地区地下水位的控制管理。宫爱玺对天津市地下水的"水位-水量"二元管理体系进行了研究。方樟等研究了安阳市地下水的警戒线水位和控制性水位。许一川、魏钰洁、邢俊生、梁寅娇、胡琪坤等众多学者对地下水位控制管理进行了相关研究。学者们逐渐地认识到地下水控制管理在地下水管理中的重要作用。

目前，我国的部分省份已经在地下水位管理和考核方面进行了有益的实践与探索。江苏省以不发生地面沉降为目标，划定了地下水的控制性水位；山西、山东省也把地下水位下降幅度控制线纳入到地方政府的考核内容。但是，就全国范围来看，并未形成全国统一、科学合理、普遍适用、易于操作的地下水控制水位划定方法和相关技术要求。地下水水位控制在许多地区尚未实施，我国地下水位管理工作尚处于起步阶段。

第 3 章

地下水水位的类型及概念

3.1 地下水水位的概念

地下水水位是指地下稳定水面相对于基准面的高程。通常以绝对标高计算。潜水面的高程称潜水位；承压水面的高程称承压水位。根据钻探观测时间可分为初见水位、稳定水位、丰水期水位、枯水期水位、冻前水位等。

3.2 地下水合理水位理论

3.2.1 地下水合理水位的概念、类型及特征

地下水合理水位是以维系生态环境、地质环境及地下水良性循环发展为条件的一个地下水位动态变化区间，它是由一系列满足生态环境要求的地下水水位构成的，是一个随时空变化的函数，其上、下限的内涵随研究区域地质环境的不同而不同。

地下水合理水位的确定应该以维持植物生长对地下水的最低需求和不导致生态环境及地质环境恶化为原则。通常意义上，所谓的地下水合理水位，实质是在自然补径排条件下，考虑人类活动的干扰，比如开发利用地下水等，在趋于水均衡时水位变化的结果体现，所以地下水合理水位应在分析地下水开发利用条件下从地下水采补平衡角度进行研究。针对地下水不同开采强度的合理水位类型及特征分析见表 3.1。

3.2.2 地下水合理水位划定

3.2.2.1 划定的原则

划定地下水合理水位的目的是对地下水的变化规律及地下水位有一个科学

表 3.1　　　　　　　　　　　　地下水合理水位的类型及主要特征

地下水开发强度	类型	主　要　特　征	合理水位
弱开采强度区	湿地或沼泽化区	水面蒸发或潜水蒸发作用强烈，蒸散耗水对水量的消耗较大，地下水的排泄以垂直排泄为主，地下水几乎无开发利用	地下水埋深小于 1.0m 或具有季节性积水
	盐渍化区	地下水埋深小于土壤盐渍化的临界深度，土壤土层湿度较大，地下水通过毛管作用可到达地表，虽不会发生沙漠化，但地下水中的盐分可以向地表聚积，易使土壤发生盐渍化，又会影响植物生长，潜水蒸发损失大，会造成一定数量地下水资源的浪费。地下水的排泄以垂直排泄为主，地下水几乎无开发利用	地下水埋深大于土壤盐渍化的临界深度
	沙漠化区	地下水埋深大于植被根系深度＋毛细管上升的高度，土壤向自成型荒漠土发展，剖面通体干旱，潜水面以上的包气带很大部分为薄膜水，很难为植物利用，深根系植物吸收地下水也较困难，乔木、灌木衰败或干枯死亡；地面裸露，风蚀风积严重，光板龟裂地和片状积沙并存，出现荒漠化。地下水开发利用程度较弱	地下水埋深小于植被根系深度＋毛细管上升的高度
	适宜生态区	潜水埋深大于盐渍化临界深度，使表层土壤不会发生强烈积盐，又小于地表植被根系＋毛管水上升的高度，潜水以毛管支持水仍可供给植物根系，地表不易发生强烈盐渍化和荒漠化，地下水的补给以降水为主，地下水开发利用程度较弱	潜水埋深大于盐渍化临界深度，又小于地表植被根系＋毛管水上升的高度
中等开采强度区	沙漠化区	汛期：地下水埋深大于土壤盐渍化的临界深度，小于地下水最大补给强度埋深，地下水能够得到有效补给；非汛期：地下水埋深大于植被根系＋毛细管上升的高度，主要为沙漠区中零星分布的农灌区或者农作物种植区，地下水有一定的开发利用强度，地下水位较为稳定	地下水埋深大于土壤盐渍化的临界深度，小于地下水最大补给强度埋深
	山前洪积扇	山前倾斜平原位于山与平原交界部位，在洪积扇上部，粗大的颗粒直接出露地表，或仅覆盖薄土层，十分有利于吸收降水及山区汇流的地表水，同时接受山前地下水的侧向补给，地下水能够得到及时有效的补给。主要为农灌区或者农作物种植区，地下水有一定的开发利用强度，地下水位较为稳定	多年平均埋深，且不造成持续下降
	平原	地下水埋深大于土壤盐渍化的临界深度，地下水能够得到降水及地表灌溉等的有效补给，主要为农灌区或者农作物种植区。地下水有一定的开发利用强度，地下水的实际开采量小于可开采量，地下水位较为稳定，不会造成持续下降	多年平均埋深，且不造成持续下降
	海水入侵	海水入侵有两种模式：地下水位逐年持续下降导致的海水入侵模式与多年地下水位保持不变，但在强渗透介质中季节性水位变化导致的海水入侵模式。根据沿海地区城市多年的生产实践，滨海区漏斗中心水位高程一般在 −6.00∼−5.00m，最大在 −8.00m，便能防止海水入侵	根据不同模式不致造成海水入侵的水位

续表

地下水开发强度	类型	主　要　特　征	合理水位
强开采强度区	平原	地下水埋深大于土壤盐渍化的临界深度，地下水能够得到降水及地表灌溉等的有效补给，主要为农灌区或者农作物种植区。但地下水开发利用强度较大，地下水的实际开采量大于可开采量，造成地下水位持续下降，形成超采	发生地下水持续下降前的多年平均埋深
	城市	相当一部分大中城市，由于水资源贫乏和供给结构单一，造成地下水的过量开采，特别是深层承压水的超采，诱发了地裂缝、地面沉降等环境地质问题，地下水实际开采量大于可开采量，地下水不能得到有效补给，地下水位持续下降并形成超采区。但在超采区治理过程中，对深浅层地下水同时进行了限制或禁止开采，导致浅层地下水的不断上升，有可能出现危及城市及建筑物安全等问题	诱发了地裂缝、地面沉降等环境地质问题前的多年平均埋深；但对于浅层地下水应该确定安全的上限水位

合理的认识和掌握，借以指导人们对地下水的合理开发与保护，避免环境地质问题的发生，以地下水的永续利用支撑经济社会的可持续发展。因此，地下水合理水位的划定，首先应考虑区域地下水的开发利用程度；其次考虑地下水在开发利用和自然补径排条件下，达到或者趋于平衡，即要按照均衡理论研究和确定地下水的合理水位。

3.2.2.2　划定的方法

由于地下水的含水层介质以及补径排条件千差万别，在遵循划定原则和结合各地实际情况的基础上，地下水合理水位划定方法可概括分为两类：一类是不针对具体问题和对象，称为普适性方法；另一类是需考虑特殊情况，针对具体的问题和对象，称为针对性方法。

1. 普适性方法

普适性方法包括地下水均衡法、数值法、回归分析法、时间序列法、Q-S曲线法、疏干体积法、比拟法和含水层厚度比例法等。

（1）地下水均衡法。地下水均衡法的原理就是水量平衡原理。地下水均衡法是最基本的合理水位划定方法，主要适用于计算平原区第四系含水层平均水位。在蒸发量大的干旱区，应谨慎使用该方法。

（2）数值法。数值法是把含有含水层边界值和初始条件的复杂的偏微分方程简化为简单的线性代数方程组，是一种离散近似的数学计算方法。常用的数值法包括有限差分法、有限元法、边界元法、有线体积法和特征线法等。该方法可以适用于水文地质条件复杂、研究程度比较高、基础资料比较多的地区。

（3）回归分析法。回归分析法是在掌握大量观察数据的基础上，利用数理统计方法建立因变量与自变量之间的回归关系函数表达式（回归方程式）。当研究的因果关系只涉及因变量和一个自变量时，称为一元回归分析；当研究的因果关系涉及因变量和两个或两个以上自变量时，称为多元回归分析。在回归分析中，依据描述自变量与因变量之间因果关系的函数表达式是线性的还是非线性的，分为线性回归分析和非线性回归分析。

回归分析法是一种从事物因果关系出发进行预测的方法。在操作中，根据统计资料求得因果关系的相关系数，相关系数越大，因果关系越密切。通过相关系数就可确定回归方程，预测今后事物发展的趋势。该方法适合于有大量地下水长期动态监测资料和相关资料的地区。

（4）时间序列法。时间序列法是利用按时间顺序排列的数据预测未来的方法，是一种常用的数学分析方法。事物的发展变化趋势会延续到未来，反映在随机过程理论中就是时间序列的平稳性或准平稳性。常用的时间序列法包括移动平均法（滑动平均法）、指数平滑法、自回归法、时间函数拟合法和剔除季节变动法等。该方法适合于有地下水长期动态监测资料的地区，适用于中、短期地下水位预测。

（5）Q-S 曲线法。Q-S 曲线法是利用开采量（Q）与地下水位降深（S）之间的内在联系确定地下水位的一种方法，属于一元回归分析法中的一种特例。该方法适合于地下水长期开采且有长期动态监测资料的地区，主要适用于中、短期地下水位预测。

（6）疏干体积法。疏干体积法是采用地下水均衡原理，以某一时段某一计算区域含水层一定程度的疏干换取地下水开采量的一种计算方法。该方法适用于确定了区域范围内地下水可开采量的情况，适用于平原地区。

（7）比拟法。比拟法也称类比法，是以地区间水文地质条件的相似性为基础，将相似地区的水文地质相关资料移用到研究地区的一种简便计算方法。适用于条件简单、资料较少且水文地质条件相似的邻近地区。

应分类比拟推算，根据实际情况，比拟的参数宜进行适当修正。通过分析对比两个比拟地区的水文地质条件、工程地质条件、地下水开采程度、水文气象、地形地貌、地质灾害发育程度等，比拟推算确定地下水合理水位。在监测数据不全或没有监测资料的地区，可依据相邻有完整监测资料且地下水类型相同地区的数据进行类比分析。

对第四系孔隙水，主要根据地下水含水层的厚度、岩性组成、渗透性能及单井涌水量、单井抽水影响半径、现状地下水开发利用情况等，并参照已有的采补平衡区的开采模数进行类比分析，可采用实际开采量调查法、实际开采量模数类比法和单位面积可开采量法等方法分析确定地下水合理水位。

对碳酸盐岩岩溶水，可根据地下岩溶发育情况、地下水富水程度、调蓄能力、开发利用情况等，用实际开采量调查法和实际开采量模数类比法分析确定地下水合理水位。

（8）含水层厚度比例法。该方法是依据地下水位下降占含水层总厚度的比例大小确定地下水合理水位的一种经验方法。适合于资料缺乏，但在邻近地区有开采经验且条件相当的地区。主要适用于孔隙水，可分为山前冲洪积平原孔隙水、山间河谷平原孔隙水、沿海平原浅层孔隙水 3 种类型划定其相应的地下水合理水位。

山前冲洪积平原孔隙水地区：地下水位高于 1/2 地下水开发利用目标含水层组厚度的高程时，定为合理水位；山间河谷平原孔隙水地区：地下水位高于 2/3 地下水开发利用目标含水层组厚度的高程时，定为合理水位；沿海平原浅层孔隙水地区：地下水位高于 1/2 地下水开发利用目标含水层组厚度的高程时，定为合理水位。

（9）其他方法。其他方法还包括人工神经网络法、趋势外推法、频谱分析法和灰色系统理论法等。

2. 针对性方法

针对性方法包括考虑地面沉降计算法、考虑地面塌陷计算法、考虑海水入侵的计算方法、考虑地下水质保护的计算方法、考虑土壤次生盐渍化和土壤沼泽化情况下的计算方法、考虑天然林草枯萎和土地沙化情况下的计算方法和泉流量动态分析法等。

（1）考虑地面沉降计算法。在地面沉降地区，由于强烈开采地下水，地下水位大幅度降低引起含水层土颗粒有效应力和弱透水层渗透压力增加，进而引起土层压缩导致地面沉降。

考虑地面沉降计算法，从区域水位降落漏斗与沉降漏斗的发展分析水位与沉降的关系，并利用分层标监测数据定量分析地下水位与沉降的关系，研究地面沉降发生发展与地下水开采、地下水位变化的内在规律及其关系，确定地面沉降显著变化时对应的临界地下水位的方法。该方法适用区域应有系列地面沉降、地下水开采、地下水位等相关资料。

计算步骤如下：

1）收集资料。包括各开采含水层和弱透水层的岩性组成、厚度，年地下水开采量、可开采量、地下水位（埋深）、地下水位年均下降速率，地面沉降区面积、地面沉降量及年地面沉降速率、最大地面沉降量以及年均地面沉降速率、地面沉降变化趋势情况。

2）根据地下水监测资料和地下水开采量统计资料，分析地下水位与开采量之间的相互关系，并核定地下水开采量。

3）利用地面沉降监测数据，分析计算地下水位（或埋深）（主要是地下水降落漏斗中心水位）与地面沉降速率之间的相互关系，或累计沉降量与深层地下水位的埋深关系。有条件的地区应分层分析计算。

4）分析确定地下水合理水位。可采用数理统计、地面沉降数值模拟模型等方法，分析计算在地面沉降速率约束条件下的地下水合理水位阈值（控制地面沉降引发灾害的临界水位）。

5）应分析和绘制必要的地面沉降与地下水位、开采量等的历时曲线图。例如，在已发生地面沉降地质灾害的地区，根据地面沉降和地下水监测数据，绘制地面沉降量与地下水位关系曲线，在曲线上找出地面沉降成灾临界地面沉降量所对应的地下水位（或埋深），在全面分析地面沉降与地下水位、地下水开采量等的基础上，确定地面沉降成灾临界水位，即为地面沉降区地下水合理水位值。

（2）考虑地面塌陷计算法。本书的地面塌陷，是指岩溶地区发生的地面塌陷。在岩溶地区，地下水开采是岩溶塌陷的重要诱因，灾害具有隐蔽性和突发性，因此，岩溶地区控制地下水位的原则应是不发生或者很少发生地面塌陷。

考虑地面塌陷计算法，是指在岩溶地区，从岩溶塌陷的形成条件和机理入手，研究岩溶塌陷的发生发展与地下水开采、地下水位变化的内在规律及其关系，确定岩溶地区发生岩溶塌陷时对应的临界地下水位的一种方法。该方法适用于发生岩溶地面塌陷地区，并且有地面塌陷、地下水开采和地下水位监测资料。

计算步骤如下：

1）收集资料，掌握地面塌陷区发生的时间和地点、坍塌岩土的岩性和体积，地面塌陷的范围、形态、地形地貌及变化情况等。

2）根据岩溶区水资源条件和水文地质条件，分析地面沉降产生的原因，分析地下水开采层位、开采强度、开采时间与地下水位的关系。

3）分析地面塌陷与地下水位、地下水开发利用之间的相互关系，确定开发利用地下水引发地面沉降的地下水位阈值。

（3）考虑海水入侵的计算方法。本书的海水入侵，是指含水层海水入侵，非人为引海水入内地高位养殖等引起的海水入侵。一般情况下，距离海边的垂直距离不超过60km的范围内考虑海水入侵影响。

沿海地区，一般海水入侵的表征离子含量高于其背景值时，就表明发生了海水入侵，其对应的地下水位值就是发生海水入侵的地下水临界水位。在开采地下水时，保证地下水位不低于该临界水位，即可有效控制海水入侵。

沿海地区，在背景值不清楚的条件下，在区域上有下列一种情形发生，一般可认为发生海水入侵：①氯离子（Cl^-）浓度大于 250mg/L；②矿化度（TDS）为 1.0～2.0g/L；③Br^- 浓度大于 55mg/L。

计算步骤如下：

1）收集资料，掌握海水入侵区开采含水层岩性组成、厚度、层位，海水入侵范围、入侵面积、入侵层位、入侵速率以及变化趋势，与地下水开发利用的关系，收集地下水开采量、地下水位及埋深、地下水矿化度（TDS，总溶解固体含量）或氯离子（Cl^-）浓度等资料。

2）根据计算咸淡水交界面的 Ghyben-Herzberg 公式，估算海水与淡水的水位关系：

$$Z = \frac{\rho_f}{\rho_s - \rho_f} \cdot h_f \tag{3.1}$$

式中　Z——离海岸某一距离处，界面位于海平面以下的深度，m；

h_f——离海岸某一距离处，淡水高出海平面的水头高度，m；

ρ_f——淡水密度，g/cm³；

ρ_s——海水密度，g/cm³。

取平均值 $\rho_f = 1.000$g/cm³、$\rho_s = 1.025$g/cm³，代入式（3.1）得：$Z = 40h_f$，即咸淡水界面在海平面以下的深度为淡水高出海平面高度的 40 倍（图 3.1）。

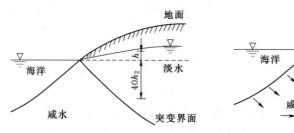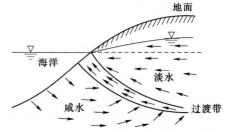

（a）水力平衡条件下海水与淡水的不相混溶界面　（b）滨海含水层中淡水和海水的流动过程及混合带

图 3.1　滨海含水层中淡水和海水的流动过程及分界面变化示意图

3）分析地下水位与 Cl^- 浓度（或 TDS 等）的关系。海水入侵地区，海水入侵的程度可以由地下水位与 Cl^- 等的浓度关系来表示。通过采用相关分析、人工神经网络、数值模拟等数学方法，分析研究地下水开采量、地下水位与海水入侵的关系。

4）在地下水位逐年持续下降引起的海水入侵地区，通过分析地下水开采量的增大、地下水位下降与 Cl^- 等浓度（含量）的变化关系，确定区域范围内的地下水位下降引起海水入侵表征离子突变的水位阈值。

5）对于因地下水开采引起地下水位波动导致的季节性或暂时性的海水入侵地区，在考虑降水变化过程条件下，通过分析地下水开采量的变化与地下水位变化、Cl⁻等浓度（含量）的变化关系，分析计算区域范围内地下水开采量变化的情况下地下水位变化与表征离子含量的关系，确定地下水位变化的阈值。

（4）考虑地下水质保护的计算方法。地下水污染是由于人为因素造成地下水质恶化的现象。本书所指地下水污染不包括人为直接向含水层注入废污水而造成的污染。

首先，收集和分析资料，掌握区域地质、水文地质条件和地下水运动规律；其次，通过调查和监测，掌握地下水污染的污染源、污染方式、污染途径、污染类型、污染物迁移规律以及潜在或现实的污染情况；再次，通过地下水监测数据，分析地下水流向、水质弥散情况和区域地下水位动态变化情况；最后，根据污染源与开采层地下水之间的距离，地下水在含水介质中的渗透速率，离子浓度变化等，采用解析法或数值法（如溶质运移水质模型）等方法，计算控制地下水污染的控制水位值。

在垃圾填埋场存在垃圾渗滤液污染的地区，由于垃圾填埋场的地下水污染与地下水位的高低有着密切的关系，因此该地区的地下水位应低于垃圾填埋场的水力捕获带，使地下水免受垃圾渗滤液的污染。

（5）考虑土壤次生盐渍化和土壤沼泽化情况下的计算方法。考虑土壤次生盐渍化计算方法，是在遵循水盐运动规律原理的基础上，通过计算因灌溉使地下水中盐分沿土壤毛管孔隙上升并在地表积累而引起土壤盐渍化的地下水位阈值。该方法适用于地下水埋藏较浅，已发生土壤次生盐渍化或有潜在土壤次生盐渍化的干旱、半干旱地区。

首先，应调查统计分析地下水位管理分区的土壤次生盐渍化分布范围和面积，分析土壤次生盐渍化形成原因和变化趋势；其次，应调查统计区域内农田灌溉量、土壤质地、土壤含盐量及变化趋势；再次，应调查分析区域内地下水水质、地下水位及其埋深状况。

根据已有资料和实验数据，采用相关分析等方法，分析土壤次生盐渍化与地下水位及其开发利用的相互关系，然后确定其地下水合理水位。根据水盐运动规律，在土壤盐渍化地区，地下水位埋深以零通量面最大发育深度加上毛细上升高度为宜。

无资料地区可借用相邻有资料地区的相关资料和成果分析确定管理分区的地下水合理水位，见表 3.2。

在土壤盐渍化地区，地下水控制水位埋深约束一般不小于 2m，考虑植物生长、土壤返盐的形成条件，地下水位宜控制在 2～4m。

表 3.2　　　华北地区不同土壤地下水临界深度（即地下水合理水位）　　单位：m

土　壤	毛管水强烈上升高度	地下水临界深度	研究者
轻壤土	1.6＋0.2	1.8＋0.2	袁长极
轻壤土	1.2～1.4	2.0～2.2	刘有昌
轻壤土	1.3～1.7	1.8～2.2	赖民基
壤土型	1.2～1.5	2.0～2.3	冼传领
轻壤土		2.2～2.3	王洪恩
轻壤—砂壤	1.4～1.8	1.9～2.3	娄溥礼

　　土壤沼泽化地区地下水控制水位的划定方法与土壤次生盐渍化地区地下水控制水位划定方法类似。在掌握土壤沼泽化分布范围、面积、开始时间、发展速率及变化趋势的基础上，分析地下水位（或埋深）与地下水及其开发利用的相互关系，然后确定土壤沼泽化地区地下水合理水位。

　　（6）考虑天然林草枯萎和土地沙化情况下的计算方法。针对天然林草枯萎，调查分析工作区内天然植被的主要种类、植被覆盖率、植被枯萎开始时间、植被长势变化趋势等情况。分析主要植被适宜生长的地下水位，包括适宜（临界）水位和最佳（理想）水位。

　　根据地下水开采量、地下水位（或埋深）状况，分析天然植被生长与地下水及其开发利用的相互关系，然后，研究提出地下水合理水位。在干旱内陆区，不同地区应根据生长的多种主要植被，选择最优势种确定地下水的合理水位。

　　在确定天然林草枯萎地区的地下水控制水位时，除应考虑天然植被的适应生长水位外，还应考虑地下水管理的现实需求，综合确定。

　　天然绿洲地下水适宜水位埋深范围一般为 2.0～4.5m，当地下水埋深降到 6～7m 时，则植被生长不良，并可导致死亡，地下水埋深降到 10m 时，一般认为是植物生长的极限。不同地区可根据植被的类型以及荒漠化的程度做适当的调整。表 3.3～表 3.7 是一些研究人员针对不同地区研究提出的几种主要适宜天然植被生长的地下水位埋深，可供参考。

　　土地沙化地区，地下水合理水位的划定方法与天然林草枯萎地区地下水合理水位的划定方法类似。在掌握土地沙化分布范围、面积、扩展速度以及变化趋势的基础上，分析地下水位（或埋深）与地下水及其开发利用的相互关系，然后提出土地沙化地区地下水的控制水位。

　　在土地沙化草甸分布区，地下水位埋深一般应不大于 4m；在土地沙化乔木、灌木分布区，地下水位埋深一般应不大于 8m。

表 3.3　塔里木河干流区主要植物不同生长状态的地下水埋深阈值　　单位：m

植物种属	生长良好		生长较好		生长不好		枯萎死亡
	适宜范围	最适宜范围	适宜范围	稳定范围	分布范围	稳定范围	分布范围
胡杨	0.6～5.0	1～4	0.5～6.9	1～5	2.1～12	>7	>10
红柳	0.5～6.0	1.5～3	1.0～8	1～5	0.5～9.7	>7	>10
高秆芦苇	<2.2	0～2	<3		>3		
矮秆芦苇	0.3～4.0	1.5～3.5	0.3～5.0		>5		
罗布麻	0.5～5.0	1.5～3	0.5～6	1～4	>6		
甘草	0.5～4.2	1.5～3.5	0.5～6.3	1～4.5	>5		
骆驼刺	0.9～7.3	2～3.5	0.5～8.0	1.5～4.5	>6		

注　引自新疆地矿局第一水文地质工程地质大队，《塔里木河干流水文地质及地下水开发利用》，1995。

表 3.4　　黑河下游不同植被适宜地下水埋深　　单位：m

适宜地下水位埋深	地下水位埋深下限	主　要　植　被	
		草本植物	树种
<1.0　1.0～2.0	2.0	沼生、水生植物芦苇	
2.0～3.0	3.0	芦苇、赖草等草甸	沙枣、胡杨
3.0～4.0	4.0	芨芨草、甘草、罗布麻	沙枣、胡杨
<5.0	5.0	骆驼刺、黑果枸杞等	沙枣生长不良、胡杨成熟林
<7.0	7.0	红砂、泡泡刺等	沙枣死亡、胡杨大部分枯死

注　引自甘肃省地矿局第二水文地质工程地质队，《黑河中下游两水转化及水资源综合开发利用》，2000。

表 3.5　黑河下游平原主要植被适宜生长的水位埋深范围　　单位：m

植物种属	适宜埋深	埋深下限	
		幼龄植被	中老龄植被
胡杨	1.0～5.0	3.5	5.5
柽（红）柳	1.0～5.0	2.0	5.0
沙枣	1.0～5.0	3.5	5.5
梭梭	2.0～4.0		4.0
芦苇	0～3.0	3.0	
甘草	1.0～3.0	3.0	
白刺	1.0～2.5	2.5	

表 3.6 沙枣生长与地下水和沙化程度的关系（张惠昌，1992）

地下水位埋深/m 沙化情况	<2	2~3	4~5	5~6	>6
沙枣生长情况	不佳	生长正常	生长不良枯梢、少数死亡	大部分枯梢、衰败	全部植株死亡
林地土壤沙化程度	盐渍化	不沙化	轻度沙化	中度沙化	强度沙化

表 3.7 柽柳、白刺生长与地下水和林地沙化关系（张惠昌，1992）

地下水位埋深/m	<5	5~7	7~10	>10
植被生长覆盖度	生长正常，>40%	生长退化、枯梢，少数死亡，>30%	严重退化，大量枯死，>10%	全部植被死亡
林地沙化程度	基本不沙化	轻度沙化	中度沙化	强度沙化

（7）泉流量动态分析法。在有泉水出露的岩溶地区，可采用泉流量动态分析法。通过泉水衰减情况，分析其可开采资源量，然后反推计算其地下水位。在综合比较后，确定其地下水合理水位。

在重要的泉域，为了保证其出流量，地下水合理水位以岩溶大泉的泉水出流口的标高为最低水位。

3.2.2.3 划定的要求

在考虑地下水位管理分区内地下水现状的基础上，针对地下水位管理分区的地下水开采、地下水位和生态环境问题的实际情况，选择合适的地下水合理水位划定方法。

地下水合理水位一般是一个阈值（上、下限区间）范围。对深层地下水开发利用地区，一般以开发利用地下水不诱发环境地质问题的下限水位确定为合理水位；生态环境对地下水位有特殊需求的地区，如天然林草枯萎、土地沙化、海（咸）水入侵、土壤沼泽化、土壤次生盐渍化、地下水质保护等地区，根据有利于改善环境和维系生态平衡的原则确定一个临界水位作为地下水合理水位；地下水持续下降的地区，如天然林草枯萎地区、土地沙化地区、海（咸）水入侵地区，以下限水位作为合理水位；地下水持续上升和地下水一直保持在高水位的地区，如土壤次生盐渍化地区、土壤沼泽化地区、地下水质保护等地区，以上限水位作为合理水位。

地下水合理水位划定，以区域地下水补给、径流和排泄资料分析为基础，考虑单位面积地下水可开采量、地下水实际开采量，以"开采量-地下水位-地质环境问题"相关性分析为主要手段，辅以一些数学模拟的方法。

有条件时，通过采用多种适当方法确定地下水合理水位；在进行综合比较考虑后，确定地下水监测井实测水位平均值作为地下水合理水位阈值和管理分区的地下水合理水位阈值。一般情况下，采用计算出的地下水上限水位作为初步划定的地下水合理水位。

采用针对性的模拟计算方法时，一般先确定地下水监测井实测水位平均值作为地下水合理水位阈值，再确定分区的地下水合理水位阈值；采用水均衡法等普适性计算方法时，一般先确定分区地下水合理水位阈值，然后通过适当方法，确定单个监测井的地下水合理水位阈值。

3.2.2.4 参考指标

（1）地面沉降区：因地下水位持续下降引发的地面沉降区，其年均地面沉降速率应控制在小于5mm以内，其对应的地下水位可为管理控制水位。

（2）地面塌陷区：在盆地或平原岩溶水分布地区，地下水位下降应不超过岩溶含水层顶板。地下水位应控制在岩溶含水层上覆的松散盐类的底板高程之上。在地下水位波动较大的地区，可将地下水位控制在底板高程2m以上。

（3）海（咸）水入侵区：

1）海水入侵区，以地下水位可使淡水界面阻止咸水界面向陆地方向入侵的临界水位（头）作为地下水管理控制水位。一般情况下，沿海地下水漏斗中心水位应控制在大于－8m。

2）咸水入侵区，上咸下淡，控制水位应保证咸水体（层）的水位（头）值低于淡水层的水头值。

（4）土地沙化区：地下水位应满足生态需水要求，应以生态水位为基础确定地下水管理控制水位，地下水水位埋深一般小于5m。

（5）天然林草枯萎区：为防止天然林草枯萎，针对不同的植被和植被群落应设置不同的生态水位。生态水位埋深一般在1～7m为宜。

（6）次生盐渍化区：地下水位应低于造成盐渍化的毛细水上升高度，一般地下水埋深应大于2.5m。

（7）土壤沼泽化区：为防止土壤沼泽化，该地区地下水埋深应大于1m。

（8）地下水质保护区：

1）地下水与污染源之间一般应有较稳定的隔水层分开，地下水位离污染源所在的隔水层顶板的垂向距离应在1m以上。

2）垃圾填埋场附近，当地下水位下降到垃圾填埋场隔水底板以下时，应将地下水位控制在垃圾填埋场隔水底板以下1m以上。

（9）重要泉域：地下水位应控制在泉水出流口（泉口）的标高之上。

（10）重要水源地：按照水源地保证满足正常供水情况下的水量，换算成地下水控制水位高程。

（11）其他重点保护区：应根据不同保护区保护对象的保护需要，确定其相应的地下水位，其地下水控制水位应满足保护对象不受地下水位变化的不良影响。

3.3　地下水控制水位的概念

控制水位是指以实现合理水位为目标，依据管理目标，结合本区地下水开发利用现状和现状水位设定的控制水位线。

（1）地下水管理控制水位划定应在地下水合理水位确定的基础上，综合考虑地下水位的管理目标进行划定。

（2）要充分考虑管理需要与现实可能的关系，确定不同水位划定分区不同管理阶段的地下水位管理目标。对于地下水未出现超采的地区，地下水位管理目标可以从严确定；对于地下水超采较为严重但水位控制管理不可能一步到位的地区，确定地下水管理控制水位时，可以根据实际情况，分阶段确定地下水位管理的目标。

（3）同一水文地质单元跨流域（省界、市界等）的不同管理分区，其相邻两个管理分区设定的水位管理目标差异较大时，应由其共同上级主管部门会同协商确定。

（4）对地下水位控制管理有分层管理要求的管理分区，还应根据不同的管理目标划分分层地下水管理控制水位。

地下水控制性关键水位是指具有明确物理概念的一系列水位值的总称，是对应于地下水不同开发利用状态的一系列水位值，或者说是对应于地下水不同可开采量的一系列水位值。地下水控制性关键水位具有两方面的鲜明特点：一方面，它并不是静态数值或阈值，而是由受年内水文气象和地下水开发利用状况等影响的一组数值或阈值构成。如在汛期过后，地下水接受了更多的降水入渗补给及河流入渗补给等，水位随之抬升，各控制性关键水位值也应随之发生变化，即年内不同时间尺度（如月、旬、周、日）的控制性关键水位值或阈值是不同的，是一组变动的数值或阈值。另一方面，地下水控制性关键水位是为了实施地下水目标管理而设定的一些期望（目标）水位值或阈值，是一个反映水行政主管部门不同时期管理目标、理念、意志和偏好的表征指标，具有鲜明的时代特色。由于受地下水水文循环、补给、径流、排泄及人为开采等因素的影响，地下水位常年不断地波动变化。对于枯水时期或贫水地区，在没有外调水的情况下，为了生存和发展等民生问题，地下水短期或长期超采往往是被允许的；而对于南水北调受水区，根据地下水的不同压采目标和管理目标，各水平年地下水控制性关键水位是不同的，是一个变动的数值或阈值。

针对我国因"不健全"的地下水位升降所导致的地面沉降、塌陷、地裂缝、海（咸）水入侵、土壤沙化和荒漠化以及土壤次生盐渍化等问题，将我国地下水控制性关键水位类别细划分为抬升型关键水位和下降型关键水位两种。抬升型关键水位，主要是由于补给过量或开采量不足等造成的；下降型关键水位，主要是由于补给量不足或过量开采等造成的。在地下水控制性关键水位管理时，应针对不同类型的地下水变化状态，采取相应的管理策略、措施和预案。

根据表征地下水的目的和意义不同将地下水控制性关键水位划分为三类：①用于描述和表征地下水预警状态的水位，包括正常水位、警示水位和警戒水位；②用于指导地下水开发利用的水位，包括正常开采水位、限制开采水位和禁止开采水位；③用于监控和管理地下水动态的水位，包括蓝线水位和红线水位。

1. 正常水位、警示水位与警戒水位

从用于描述和表征地下水预警状态的水位特点看，无论是抬升型还是下降型关键水位均可细化分为正常水位、警示水位和警戒水位三种类型。

（1）抬升型关键水位。正常水位是指表征地下水处于"健康"的地下水循环过程的一系列水位值或水位阈值。在该水位状态下，地下水的资源功能、生态功能和地质环境功能均能发挥正常作用，不会产生资源问题（地下水大量蒸发损失、水质变劣）、生态问题（土壤次生盐渍化、沼泽化）和地质环境问题等。这时，水行政主管部门根据"合理开发和高效利用"的原则，按照正常的取水许可管理制度进行有效管理，维持地下水处于正常水位状态。

警示水位是指表征地下水处于"亚健康"的地下水循环过程的一系列水位值或水位阈值。在该水位和高于该水位状态下，地下水的资源功能、生态功能和地质环境功能有可能受到影响、不能发挥正常作用，有可能产生资源问题（地下水大量蒸发损失、水质变劣）、生态问题（土壤次生盐渍化、沼泽化）或者地质环境问题等。当地下水位处于抬升型警示水位值（或阈值）及以上时，水行政主管部门应当给予高度警觉和关注，适度加大地下水开采强度、加强水资源统一管理和联合调度，适当加密水位监测频次，采取"鼓励性开发和有效利用"的原则，按照取水许可管理制度进行积极管理，防止地下水预警状态向更加恶化的方向发展。

警戒水位是指表征地下水处于"不健康"的地下水循环过程的一系列水位值或水位阈值。在该水位和高于该水位状态下，地下水的资源功能、生态功能和地质环境功能将受到影响、不能发挥正常作用，将会产生资源问题（地下水大量蒸发损失、水质变劣）、生态问题（土壤次生盐渍化、沼泽化）或者地质环境问题等。当地下水位处于抬升型警戒水位值（或阈值）及以上时，水行政主管部门应当给予严重关注，启动应急管理预案，加大地下水开采强度、强化水资源统一管理和应急调度，加密水位监测频次，采取"强制性开发和利用"

的原则，按照取水许可管理制度进行危机管理，遏制地下水预警状态的进一步恶化和发展。

（2）下降型关键水位。正常水位系指表征地下水处于"健康"的地下水循环过程的一系列水位值或水位阈值。在该水位状态下，地下水的资源功能、生态功能和地质环境功能均能发挥正常作用，不会产生资源问题（地下水超采、可再生能力衰减、水质变劣）、生态问题（土壤沙化、荒漠化）和地质环境问题〔地面沉降、塌陷、地裂缝及海（咸）水入侵〕等。这时，水行政主管部门要采取"合理开发和高效利用"的原则，按照正常的取水许可管理制度对地下水进行有效管理，维持地下水处于正常水位状态。

警示水位系指表征地下水处于"亚健康"的地下水循环过程的一系列水位值或水位阈值。在该水位和低于该水位状态下，地下水的资源功能、生态功能和地质环境功能有可能受到影响、不能发挥正常作用，有可能产生资源问题（地下水超采、可再生能力衰减、水质变劣）、生态问题（土壤沙化、荒漠化）或者地质环境问题〔地面沉降、塌陷、地裂缝及海（咸）水入侵〕等。当地下水位处于下降型警示水位值（或阈值）及以下时，水行政主管部门应当给予高度警觉和关注，适度限制地下水开采规模、加强水资源统一管理和联合调度，加密水位监测频次，采取"限制性开发和有效利用"的原则，按照取水许可管理制度进行有效管理，防止地下水预警状态向更加恶化的方向发展。

警戒水位系指表征地下水处于"不健康"的地下水循环过程的一系列水位值或水位阈值。在该水位和低于该水位状态下，地下水的资源功能、生态功能和地质环境功能将受到影响、不能发挥正常作用，将会产生资源问题（地下水超采、可再生能力衰减、水质变劣）、生态问题（土壤沙化、荒漠化）或者地质环境问题〔地面沉降、塌陷、地裂缝及海（咸）水入侵〕等。当地下水位处于下降型警戒水位值（或阈值）及以下时，水行政主管部门应当给予严重关注，启动应急管理预案，强制核减地下水开采规模、强化水资源统一管理和应急调度，加密水位监测频次，采取"强制性减采和利用"的原则，按照取水许可管理制度进行危机管理，遏制地下水预警状态的进一步发展。

2. 正常开采水位、限制开采水位和禁止开采水位

从用于指导地下水开发利用的水位特点看，正常开采水位、限制开采水位和禁止开采水位大多数情况下应属于下降型关键水位范畴。

正常开采水位是指表征地下水处于多年平均采补均衡状态的一系列水位值或水位阈值。在该水位状态下，地下水实际开采量小于可开采量，地下水尚具有一定的进一步开发利用的潜力。这时，经济社会发展对水资源的新增需求，可按照正常的取水许可管理制度采取合理扩大地下水开发利用规模的方式予以满足。

限制开采水位是指表征地下水处于多年平均采补准均衡状态的一系列水位

值或水位阈值。在该水位和低于该水位状态下，地下水实际开采量等于或略大于可开采量，地下水已无进一步开发利用的潜力。这时，经济社会发展对水资源的新增需求，不能依靠扩大地下水开采规模予以满足，水行政主管部门可加强水资源统一管理和联合调度，按照取水许可管理制度适度限制地下水开发利用规模，避免地下水长期处于临界或超采的状态。

禁止开采水位是指表征地下水处于多年平均采补负均衡状态的一系列水位值或水位阈值。在该水位和低于该水位状态下，地下水实际开采量大于可开采量，地下水处于超采状态，已没有进一步开发利用的潜力。禁止开采水位是确定地下水禁采区的主要标准。当实际地下水位处于禁止开采水位值（或阈值）及以下时，说明地下水已遭到了严重超采，水行政主管部门应采取严厉的禁采管理措施，按照取水许可管理制度进行危机管理，遏制地下水严重超采的态势。

3. 蓝线水位、红线水位

从利用控制性关键水位实施对地下水资源量化和动态管理的角度，根据地下水位抬升或下降对地下水的资源功能、生态功能和地质环境功能等造成的影响程度，将地下水控制性关键水位划分为蓝线水位和红线水位。其中蓝线水位和红线水位分别对应于警示水位与警戒水位，或者限制开采水位和禁止开采水位。

蓝线水位一般是指地下水采补平衡即地下水开采量等于地下水可开采量时的水位值，或者是指为了实现某一时期地下水管理目标而设定的期望水位值或阈值。当地下水位从蓝线水位以内向外变动时，说明当前地下水开发利用格局可能存在不合理因素，此时的地下水位开始由正常状态向非正常状态变化、可能导致地下水的资源功能、生态功能和地质环境功能等问题，可能会产生不良的灾难性后果。

红线水位一般是指地下水开采量大于地下水可开采量、出现地下水位持续下降且水位降深等于含水层厚度 2/3 时的水位值，或者是指为了实现某一时期地下水管理目标而设定的期望水位值或阈值。当地下水位跨入红线水位以外时，表明当前的地下水开发利用格局肯定存在不合理因素，已导致或将导致地下水的资源功能、生态功能和地质环境功能等问题，已产生或将会产生不良的灾难性后果。

3.4　地下水控制水位划分的方法

3.4.1　工作程序

（1）收集整理区域水文地质、地下水监测、地下水资源评价及开发利用以及与地下水开发利用相关的生态与环境地质等资料。

（2）以行政区为基础，综合考虑水文地质条件等多种因素，确定水位控制单元。

（3）综合考虑地下水管理的实际需求和现实可能，确定各水位控制单元的管理目标。

（4）根据地下水管理目标及基础资料情况，选择适宜的方法划定地下水管理控制水位。

3.4.2　基础资料收集

（1）在地下水管理控制水位具体划定工作中，应根据实际工作需要，有针对性地收集整理相关资料；在收集的资料不能满足实际工作要求时，还应进行适当的补充调查。

（2）区域基本情况资料，包括区域范围和位置、行政区划、自然地理概况、地形地貌、气象水文、社会经济等。

（3）区域水文地质资料，包括区域地层、地质构造，地下水类型，含水层的结构、厚度状况，地下水补给、径流和排泄特征等。

（4）地下水资源量资料，包括地下水资源量、补给量、排泄量、可开采量和允许开采量等。

（5）地下水开发利用资料，包括地下水供水基础设施和数量，地下水开发利用历史情况，地下水水源地分布、类型与开采情况，地下水开采井的位置、类型等。

（6）地下水超采区评价资料，包括超采区的分布范围、面积、水位动态、超采量等。

（7）地下水位动态监测资料，包括地下水位监测井的数量、位置，监测井的高程，地下水位动态变化情况等。

（8）生态与环境地质资料，包括地下水水位降落漏斗、地面沉降、地面塌陷、地裂缝、海（咸）水入侵、地下水污染、土壤次生盐渍化、土壤沼泽化、天然林草枯萎和土地沙化等；内容应包括其分布、规模（或程度）、危害、产生原因以及其发生发展与地下水位动态变化的关系等。

（9）其他有关资料，包括土地利用功能分区，与地下水有关的地表水开发利用历史和现状，地表水灌区分布、范围、面积，渠系有效利用系数等资料。

3.4.3　水位控制单元确定

（1）以行政区作为基本单元，考虑地貌类型、地质与水文地质条件、地下水类型、生态与环境地质问题、地下水用途等因素，进一步划分水位控制单元。

（2）地貌类型可主要考虑山丘区与平原区两类。

（3）地质条件可主要考虑地质构造（断裂、褶皱、断层等）、地层类型、厚度与岩性等；水文地质条件主要考虑含水层厚度、分布、岩性组成、渗透性和富水性、地下水补径排特征等。

（4）地下水类型可主要考虑地下水赋存介质类型和埋藏条件类型两类。根据赋存介质，地下水可分为孔隙水、岩溶水和裂隙水；根据埋藏条件，地下水可分为潜水和承压水。

（5）生态与环境地质问题可主要考虑地面沉降、地面塌陷、地裂缝、海（咸）水入侵、土地沙化、植被退化、泉水断流、含水层疏干及土壤次生盐渍化等问题。

（6）地下水用途可主要考虑地下水集中供水水源地、名泉喷涌等。

第4章

生态脆弱区地下水水位控制

生态脆弱区环境差异性大，自然条件恶劣，是生态敏感区域。地下水是生态脆弱区良性发展的重要支撑，具有重要的生态调控作用，特别是区域内植被生长主要依赖地下水资源，植被生长需要适宜的地下水位，地下水位是遏制绿洲生态退化的关键因素之一。由于气候和人类活动影响，生态脆弱区的地下水补给量减少从而引起地下水位下降，从而使得生态环境逐渐退化。开展以保护生态环境为目的，综合行政区域与生态环境脆弱区统筹管理，实现区域水资源可持续利用是实现生态脆弱区良性发展的关键。制定基于生态环境可持续发展要求的地下水总量控制方案与适宜的地下水管理水位，不但能够提高地下水管理水平，满足生态保护的需求，同时也能够促进人类发展与环境资源的和谐统一，改善该地区脆弱的生态环境状况。

4.1 生态脆弱区的涵义及界定

众多学者针对不同的领域和研究区域加以理解、定义，因而产生了生态脆弱区的多种涵义。生态脆弱区是指在人为因素或自然因素的多重胁迫下，生态环境系统或体系抵御干扰的能力较低、恢复能力不强，且在现有经济和技术条件下，逆向演化趋势不能得到有效控制的连续区域。在人为或自然因素影响下，生态脆弱区生态系统具有抗干扰能力弱、时空波动性强、边缘效应显著、恢复能力差等特点，容易发生森林向草原、荒漠草原、荒漠的逆向演替。生态脆弱区的概念在界定上应当同时包含以下 4 个方面的特性：

（1）生态脆弱区是在自然和人为两方面因素影响下形成的。

（2）生态脆弱区的生态环境具有敏感、不稳定的特性，当环境干扰因素超过了现有社会经济和技术水平维持发展能力的承受极限时，环境会发生不可逆的转变。

（3）生态脆弱区应是连续性的区域。

（4）生态脆弱区具有明显的时效性。

由于不同区域具有不同的生态环境结构和功能、人类与自然影响的主导因子类型与强弱、脆弱性评价要求以及指标体系均会不同，这就决定了脆弱生态环境区的脆弱程度是相对的和定性的。生态脆弱区只是对一定时空范围内生态系统脆弱性的定性描述。实际上，生态环境的脆弱性是相对而言的，绝对稳定的生态系统是不存在的。任何生态系统因其物质、能量、结构、功能不同，其脆弱性的表现也不同。相对稳定的系统，并不意味着不存在脆弱因子或者导致环境脆弱的因素，也并不意味着脆弱的环境，其所有的构成因素都脆弱。我国生态脆弱区的特点及其表现如下：①环境容量低下；②抵御外界干扰能力差；③敏感性强，稳定性差；④自然恢复能力差。

按《全国生态脆弱区保护规划纲要》，我国生态脆弱区主要分布在北方干旱半干旱区、南方丘陵区、西南山地区、青藏高原区及东部沿海水陆交接地区，行政区域涉及黑龙江、内蒙古、吉林、辽宁、河北、山西、陕西、宁夏、甘肃、青海、新疆、西藏、四川、云南、贵州、广西、重庆、湖北、湖南、江西、安徽等21个省（自治区、直辖市），主要类型包括东北林草交错生态脆弱区、北方农牧交错生态脆弱区、西北荒漠绿洲交接生态脆弱区、南方红壤丘陵山地生态脆弱区、西南岩溶山地石漠化生态脆弱区、西南山地农牧交错生态脆弱区、青藏高原复合侵蚀生态脆弱区和沿海水陆交接生态脆弱区8个区。本章主要介绍西北生态脆弱区地下水位控制。

西北生态脆弱区横跨东部季风区、青藏高原区和西北干旱区，位于我国第1与第2阶梯，集中了我国高寒荒漠、高山冰川、冻土冻原等复杂多变的地形地貌，存在大面积的荒漠草原、内陆河岸绿洲以及农牧交错带。西北生态脆弱区的主要类型包括北方农牧交错生态脆弱区、西北荒漠绿洲交接生态脆弱区、青藏高原复合侵蚀生态脆弱区（表4.1）。

表4.1　　　　　　　　　西北生态脆弱区的类型

类　型	特　点	生态类型	分　布
北方农牧交错生态脆弱区	气候干旱、水资源短缺、土壤结构疏松、植被覆盖度低、易受风蚀、水蚀和人为活动影响等	典型草原、荒漠草原、疏林沙地等	年降水量300～450mm、干燥度1.0～2.0的北方干旱半干旱草原
西北荒漠绿洲交接生态脆弱区	典型荒漠绿洲过渡区，呈现非地带性岛状或片状分布，环境异质性大，自然条件恶劣，水资源极度短缺，土地荒漠化严重	高山亚高原冻土、高寒草甸、荒漠胡杨林、荒漠灌丛以及珍稀、濒危物种栖息地等	贺兰山以西，新疆天山南北广大绿洲边缘区

类　　型	特　　点	生态类型	分　　布
青藏高原复合侵蚀生态脆弱区	地势高寒，气候恶劣，植被稀疏，具有明显的风蚀、水蚀、冻蚀等多种土壤侵蚀	高原冰川、雪线及冻原生态系统、高山灌丛化草地生态系统、高寒草甸生态系统、高山沟谷区河流湿地生态系统	青海三江源地区、祁连山区

4.2　西北生态脆弱区研究现状

关于西北生态脆弱区或者西北生态的分区，不同研究者根据区划对象、区划尺度、区划目的和区划制定者的思路不同而改变，但任何一种分区指标体系的确定和各个指标的选取都尽量地体现区划的目的并反映其区域分异规律。下面介绍几个典型的西北生态脆弱区分区。

1.《中国西北地区生态需水研究——基于遥感和地理信息系统技术的区域生态需水计算及分析》

该研究从空间上基于西北地区生态需水的分异规律进行生态分区。一级生态分区是以区域自然地理的主导分异因素来反映地带性规律，包括山区、平原或高原荒漠区、平原荒漠草原和典型草原区、平原森林草原和森林区。分区界线的确定依据反映地貌的高程等值线和地带性植被分异特征的年降水等值线。分区所用的背景资料是公开发行的 1∶100 万数字高程图和全国第一次水资源评价完成的全国多年平均降水等值线图。利用 ESRI 的 GIS 系列软件 ARC/INFO 将底图通过投影转换、编辑来实现分区。

二级生态分区是在一级生态分区的基础上，是展示径流和人类作用下的生态景观的细分区划。分区类型见表 4.2。分区图的实现是从土地利用图进行综合信息来完成的，这样做是因为土地利用图不能反映生态需水的分异规律。利用 GIS 软件 ARC/INFO，从 1∶10 万的土地利用数字地图中分别提取反映"人类活动"和"径流作用"因素的土地利用类型，根据其轮廓趋势做图，然后根据"人类活动""径流作用"影响的先后顺序以及同"一级生态分区"的隶属关系，用叠加分析来实现。

三级生态分区是以土地利用单元反映群落水平的生态景观，分为耕地（水田、旱地）、林地（有林地、灌木林、疏林地、其他林地）、草地（高覆盖度草地、中覆盖度草地、低覆盖度草地）、水域（河渠、湖泊、水库坑塘、永久性冰川雪地、滩涂、滩地）、城镇工矿居民用地（城镇用地、农村居民点、其他建设用地）、未利用土地（沙地、戈壁、盐碱地、沼泽地、裸地、裸岩石砾地、

表 4.2　　　　　　　　　　　　二 级 生 态 分 区 类 型

一级生态分区	二级生态分区	一级生态分区	二级生态分区
山区	山地未开垦区	平原荒漠草原和典型草原区	草原地带性植被区
	山地非灌溉农区		草原非地带植被区
			灌溉农区
平原或高原荒漠区	荒漠地带性区域（包括高寒荒漠）		非灌溉农区
		平原森林草原和森林区	森林草原和森林地带性植被区
	天然径流作用区（包括天然绿洲和盐碱地）		水域沼泽区
			灌溉农区
	人工绿洲区		非灌溉农区

其他）6 个一级类型和 25 个二级类型。土地利用图是以 20 世纪 90 年代的 TM 遥感影像为基础资料，由中国科学院地理所于"九五攻关重中之重项目"完成，比例为 1∶10 万。三级生态分区就是应用该土地利用图与二级生态分区图叠加分析形成的。

2.《中国西北干旱区生态区划》

该研究从国内外生态区划、生态土地分类和生态-生产范式的研究和发展入手，从生态利用的角度出发，在西北干旱区生态区域分异规律的基础上，结合当地的社会经济发展特点，全面完成了西北干旱区的生态区划方案。该研究在西北干旱区的生态区划过程中主要考虑以下几个方面：气候与巨地形系统、地貌与地质、植被与土壤以及土地利用与产业发展方向；区划方法是以经验判别和地理信息系统（GIS）相结合进行的，过去发表的多种尺度的图件和区划方案均作为分区过程的辅助材料和新区划方案的校正材料；根据气候、巨地形系统、地貌、地质、植被、土壤以及土地利用和产业发展方向等特征，该生态区划的 3 级分区指标如下：一级分区，主要依据气候和巨地形系统，并充分考虑该高级分区在生态环境建设和产业结构调整中的作用；二级分区，主要根据次级地形和地貌系统以及大尺度植被类型；三级分区，主要依据基质和土壤的差异所造成的局域植被类型的差异，以及其生态-生产范式和将来的发展方向。根据以上区划的原则和指标体系，西北干旱区的生态区划采用 3 级区划制：生态域、生态区、生态小区，最后将西北干旱区划分为 3 个生态域、23 个生态区和 80 个生态小区，并利用 GIS 绘制了 1∶100 万比例尺的西北干旱区生态区划图。西北干旱区生态区划的目的不仅在于发展独特的干旱区生态区划/生态分类的方法和理论体系，建立生态区划的方案和生态-生产范式，更重要的是要运用这些方法、规律和范式来指导当地的生态环境建设和产业结构调整，促进当地的土地资源合理配置，实现西北干旱区的可持续发展。

　　3.《全国水生态区划方法与划分方案研究》

　　该研究针对我国复杂的水生态状况，在考虑水生态功能类型差异的基础上，为有效实施生态环境分区管理与保护，建立了一套水生态区划理论方法，并提出全国水生态区划方案。该研究遵照区域相关性原则、协调原则、主导功能原则和分级区划原则，采用三级分区的思路，综合气候、地理、水资源条件、人类活动影响及生态功能类型等诸多因素，详细阐述各级分区的划分依据、命名与编码原则。基于对全国范围内主要水生态系统生态特征、人类活动影响及水生态类型的认识，将全国划分为 6 个水生态一级区、34 个二级区和130 个三级区。

4.3　西北生态脆弱区划分

4.3.1　西北内陆河流域水资源研究现状

　　以往主要从内陆河流域水资源的数量、质量、时空变化、地表水和地下水的相互转化进行了研究，探讨了人类活动对水资源变化的影响。李佩成、冯国章（1997）在综合评价西北内陆河流域水资源的数量与质量及其时空变化规律和特点的基础上，认为该流域水资源天然分布的主要缺陷是水量相对较少，时空分配不均，开发难度大，水生态环境十分脆弱，提出应采取深入研究水的循环转化规律，制定科学合理的水资源开发利用方案，实行水资源的多维调控，建立节水型社会，调整和优化产业结构及社会经济布局，以及强化水资源与水环境的保护等对策与措施。马金珠、高前兆认为干旱地区内陆河流域以水为纽带构成一个完整的山地-绿洲-荒漠水循环系统，系统内水资源、生态环境及其两者之间相互关联。人类经济活动和水资源开发利用已影响到内陆河水文状态并导致生态环境的严重退化。水资源的持续开发利用和生态环境的综合治理要考虑系统的相互联系，以流域为单元，加强水资源的统筹调配和高效利用，强化科学治理和保护，促进经济和生态环境协调发展。刘俊民、马耀光研究认为干旱内陆河流域水资源地区分布不均，山区是水资源的主要来源，山前平原区地表水与地下水相互转化，其他地区水资源短缺，生态环境十分脆弱。

　　国内外对干旱地区内陆河流域的研究比较薄弱；已有的研究成果主要集中于径流的年际变化、年内变化及洪水规律的研究，对内陆河的水文生态特征研究则比较薄弱。在以往的内陆河水资源开发利用的研究中，缺少对内陆河水文生态变化特点的认识，并且缺少对内陆河上、中、下游分段评价研究，导致了水资源量的重复计算，使上、中游地表水和地下水过量开采和下游河道断流，下游地下水位下降，最终导致了内陆河流域水资源系统的失稳，使下游自然生态环境进一步恶化。在进行内陆河流域水资源规划利用时，由于人们完全无视或忽略天然绿洲的生态需水，将内陆河水全部规划于人工绿洲中，出现了人工绿洲扩大与天然绿洲衰退的现象。目前，国内外生态需水研究尚处于起步阶段，生态需水还没有切实可行的理论依据，需要作进一步的研究；因此，今后应加强对内陆河水文生态特征的研究，积极预防内陆河水资源开发利用中可能出现的问题。

以塔里木河为例，国内的部分科研单位、高校都对塔里木河作过研究。中国科学院新疆生态与地理研究所先后完成塔里木河流域自然环境演变和自然资源合理利用研究；塔里木河流域资源与环境遥感调查和系列图件编制研究；阿克苏河至塔里木河水土资源利用优化模式及生态环境保护对策研究；塔里木河流域水资源利用、生态环境整治和经济发展战略研究；1997 年联合新疆水利厅塔里木河流域管理局承办了"塔里木河流域水资源、环境与管理学术讨论会"，对塔里木河流域水资源与环境以及水资源管理等进行了研讨；与清华大学水利水电工程系以及新疆水利厅塔里木河流域管理局合作共同完成了国家"九五"科技攻关项目"塔里木河流域整治及生态环境保护研究"，重点研究了塔里木河水资源的形成、转化和消耗规律；水资源开发利用与生态环境的关系；水资源、生态环境与社会经济相协调发展。清华大学水利水电工程系、西安理工大学水文水资源所、新疆农业大学水资源科技开发中心先后参加了世界银行贷款项目"塔里木河流域农业灌溉排水与环境保护"Ⅰ期和Ⅱ期的工作，研究了流域水源地建设、土壤水盐监测和运移等（1992—2003 年）。新疆地矿局第一水文地质工程地质大队和南京大学大地海洋科学系合作研究了塔里木干流地表水的补给来源，地表水与地下水的转化关系、排泄规律、水文地球化学演变规律等（1993 年）。

根据水文地质条件、水资源统一调度和地下水资源保护、绿洲安全与生态脆弱区的保护 3 个方面，将以河流出山口为起点，将平原区的绿洲带、绿洲荒漠过渡带直至绿洲边缘荒漠带统称为西北生态脆弱区。由于西北内陆区气候极端干旱，降雨稀少，蒸发强烈，天然降水不能满足植被生长耗水的需求，生态系统十分脆弱，稳定性受自然和人为因素的共同制约。例如，当河流下游水量减少或者断流时，水循环终点朝绿洲位移，绿洲及外围胡杨林和荒漠灌丛出现大面积萎缩，所以从广义上来讲，绿洲带也是生态脆弱区。

4.3.2　分区原则与分区方法

以往的研究往往聚焦于生态学角度，这些研究成果为基于地下水资源管理的西北生态脆弱区的划区提供了重要的借鉴。西北生态脆弱区是与人类调度使用的水资源相关联、与绿洲安全相关联、与生态环境保护相关联以及与地下水开发与保护相关联的。

1. 分区原则

以往对西北地区生态脆弱区划分的研究往往聚焦于生态学角度，很少从水资源管理角度对生态脆弱区进行综合研究。本书以西北内陆河流域人类活动调度使用水资源的绿洲区为切入点，以服务地下水保护和管理为目标，从地下水水文地质条件的规律性变化、生态环境的保护以及绿洲安全、水资源的统一规划调度、地下水开发利用与保护角度，提出西北生态脆弱区区域划分原则：

（1）主导因素原则。影响生态环境脆弱的因素有自然因素和社会经济因素，因素众多，不可能都用于分区分类，而且有些很难定量地考虑分析，只能突出对生态环境脆弱影响较大的主导因素。并要根据区域内影响生态环境的因素种类及其作用的差异，选择主导因素，重点分析这些因素对生态环境分区分类的作用，以科学地揭示不同生态环境脆弱区内独特的生态环境特征、生态水位差异性。

（2）流域完整性和归属性原则。流域是水文循环的基本单元，以流域为单元圈出相应的生态环境脆弱区。找出各流域的共性，做到因地制宜，收到事半功倍的效果。西北生态脆弱区大小流域都由山区降水发育而成，大致可以分为山区产流区和平原径流区。

（3）生态区域的差异原则。在不同的区域范围内，由于气候、地貌、地形、土壤条件的不同，因而表现出与此相关联的生态系统的差异，根据这些差异，划分出不同的脆弱生态单元。

（4）一致性原则。所划分出的西北生态环境脆弱区内存在的问题具有相似性。生态环境区域类型的划分主要是为制定科学的地下水水位管理和总量控制服务，以便更加科学、有序地治理和保护生态环境。因此，生态脆弱区的划分，除考虑自然条件、经济条件、社会条件等方面的一致性和相似性外，还要考虑生态环境存在的问题以及今后治理和保护方向的共同性，从而有利于依据区域内生态环境的特点，制定和落实相应的措施，促进区域经济的可持续发展。

2. 分区方法

本书生态脆弱区区划是采用定性分析法，以经验判断和遥感卫星片相结合进行的，过去发表的多种尺度的图件和区划方案均作为分区过程的辅助材料，例如西北自然地理图、西北地形地貌图、中国干旱地区内陆河分布图、中国绿洲分布、内陆干旱区分布示意图、中国陆地卫星图集等。指标是划分生态脆弱区的理论依据，尽管其随区划对象、区划尺度、区划目的和区划制定者思路的不同而改变，但任何一个指标的确定和各个指标的选取都尽可能地体现区划的目的并反映其区域分异规律。

4.3.3 西北地区生态类型特征

西北地区内陆河流域有七大山脉，分别是阿尔泰山、天山、喀喇昆仑山、昆仑山、祁连山、阿尔金山、贺兰山。中国内陆地区内陆河流域主要的盆地有塔里木盆地、准噶尔盆地、柴达木盆地以及河西走廊的盆地。内陆河在我国主要分布于西北干旱地区，甘肃、新疆、青海、内蒙古四省（自治区）均有分布，总国土面积 253 万 km²。据不完全统计，西北有命名的内陆河流有 689 条，其中新疆 570 条，青海 63 条，河西走廊 56 条。其中年径流量大于 10 亿 m³ 的有 16 条，1 亿～10 亿 m³ 的约有 90 条。西北地区湖泊众多，总数 3000 多个，湖泊水面面积为 1.91 万 km²，占全国湖泊面积的 25.4%，储水量约占全国湖泊储水量的 30.0% 左右。按湖泊分布及水质特征大致分为 3 种类型：第一种分布于高山区江河源头，多为淡水湖，如黄河源区的鄂陵湖、扎陵湖，长江源区的可可西里湖；第二种分布于内陆河尾闾，以咸水湖为主，如艾比湖、青海湖、哈拉湖等；第三种分布于沙漠边缘的海子，与地下水有密切的补排关系，多为淡水或微咸水，如红碱淖等。整体看西北地区的湖泊以内陆河尾闾湖泊居多，分布在内陆盆地最低点，入湖水系少而短，补给湖泊的水量不多。在强烈的蒸发作用下，湖水易于浓缩，因此多是咸水湖和盐湖。

西北内陆河流域平原区是水资源的消耗区与散失区，气候极端干旱，天然降水不能满足植被生长耗水的要求，生态系统十分脆弱，水分成为植物生境中最为活跃的因素，也是植物生存繁衍的制约因子。因此，河流（含吞吐湖和尾闾湖）成为维系平原生态系统的纽带和生命线。根据人文景观和植被景观的特点，平原生态系统表现出有序的层次结构，主要有如下四大类型。

1. 人工绿洲

人工绿洲，为绿洲生态系统的核心地带，主要由农田、人工林畜禽养殖、乡村聚落及部分城市耦合在一起。人工绿洲面积虽不及流域总面积的 5%，但却承载了几乎全部的人口，而且人类的社会、经济、生产、文化活动基本上都是在这块绿洲上进行的，是人类生存和发展的空间。在干旱地区，人类开发利用水资源建设人工绿洲，在河道上筑坝拦水、修建水库、在两岸开渠引水，一致形成现在中游地区的河道渠化，改变了水流与河道、积水湖泊的关系，改变了地表水和地下水的转化途径，也改变了原有的地下水所赋存的环境，形成了人工绿洲内的水循环二元结构。

2. 天然绿洲

天然绿洲，主要是由不依赖于天然降水的非地带性植被构成，为中生、旱生且具有一定覆盖度的天然乔木、灌木、草本植物，分布在地下水埋深较浅的河滩地、低阶地及低洼、湖滨及低洼地，主要依靠洪水灌溉或地下水维持生命，故随着河流来水量和地下水状态的变化而变化。天然绿洲生态系统在生物多样性、抗旱耐盐、对环境变化的适应能力等方面都优于人工绿洲生态系统，是人工绿洲的重要天然防护屏障。

3. 绿洲-荒漠交错过渡带

绿洲-荒漠交错过渡带，处于绿洲生态系统与荒漠生态系统的连接带，其生境脆弱、敏感、易变，是绿洲生态系统与荒漠生态系统间物质循环、能量转换及信息传递的场所，并且为能量、物质、信息交换最频繁的界面区域。同时，过渡带在维护绿洲生态安全方面具有重要作用，是绿洲生产的关键，直接担负着抵御沙化侵害的重要作用。过渡带植被主要靠侧向地下径流和大气降水维持。

4. 荒漠生态系统

荒漠生态系统，地处盆地腹地，植被极其稀少，环境十分恶劣，基本没有地表径流，地下径流几乎处于停滞状态。夜间凝结水是荒漠植被的重要水源，但白天又很快通过土面蒸发和植物蒸腾而消耗。

综上所述，平原生态系统空间构成为圈层结构，从里到外依次为：人工绿洲、天然绿洲、绿洲-荒漠交错过渡带、荒漠；植被等级和盖度逐渐由高向低演变，分别为有林地、灌木林、疏林地和高盖度草地、中盖度草地、低盖度草地、沙漠、戈壁，植被生态系统的这种规律性反映了地下径流的运动和耗散规律。人工绿洲、天然绿洲及绿洲-荒漠交错过渡带这三大生态层圈应保持一定的平衡比例关系，以维持绿洲系统的生存与发展。

4.3.4　西北地区生态脆弱区划分

在西北内陆干旱地区，同一山系在以下方面具有共性特征：气候条件、地形地貌、水文地质条件、生态环境状况和水文特征。根据山系的共性特征，可大致归纳为昆仑山系、天山山系南、天山山系北、阿尔泰山山系南、祁连山—阿尔金山山系北。这些山系是与水资源相关联的，是内陆河的产水区和汇水区。各山系均发育多条内陆河，而每一条内陆河都是相对独立的水循环系统，即山区是内陆河的产流区，而平原区是水的耗散区。各内陆河由源头到尾闾河流都要流经山区、山前洪积-冲积倾斜平原、冲积或冲积湖积平原、沙漠等地貌单元。西北生态脆弱区的分区是对各内陆河从水文地质条件的规律性变化、生态环境的保护以及绿洲安全、水资源的统一规划调度、地下水开发利用与保护几个方面综合考虑进行分区，以便于对地下水的管理。

1. 内陆河流的水文特征

内陆河流的水量来源于不同的山区降水、积雪融化和冰川水的融化，故其年内的水文特征与气温度化和降水有密切联系。冬季气温低，从山区流出的水量少，是年内的枯水期；春季随着气温升高，地表径流缓慢增加，在四月前后，气温骤升，山区冬季降雪融化形成年内第一次洪水，一般称之为春洪；夏季气温迅速升高，中高山区的冬季积雪集中融化以及山区降水，形成夏季洪水，夏洪过后，由于气温变化不大，河水以冰川融水为主要水源，水量大而且稳定；进入秋季，随着气温变低，河水流量逐渐减少直至进入冬季小流量时期。周年内一般形成两个峰值，春洪水流量小而且时间短，一般只有数日；夏洪水流量大而且时间长，为年内径流量的 70% 左右，在 6—9 月产出。由于内陆河水主要来自山区降水和冰川融化，年际水量变化不大。

2. 内陆河的地形地貌特征及规律

内陆河都发源于山系，山系属于中高山，山前则为低山丘陵。河流出山口后都为冲洪积扇，冲洪积扇大小与内陆河流量大小有关，较大的内陆河冲洪积扇较大，冲洪积扇长度有的可达上百公里，小的内陆河冲洪积扇仅有数十公里。扇顶至冲洪积扇中部，地形坡度大，约为几十分之一至几百分之一；冲洪积扇中部至边缘地形坡度逐渐变缓，约为数百分之一至千分之一；从扇顶至扇缘，呈扇状展开；扇顶至扇缘呈放射性发育，并出现一些冲沟，并且在有些扇缘附近的冲沟会有泉水溢出，这些冲沟以及原河道都是山前洪水排泄的通道。自冲洪积扇缘向下，地形逐渐平缓，坡度一般在千分之一至几千分之一。地貌上，也从冲洪积扇进入至冲洪积平原区。较大的内陆河流所发育形成的冲洪积平原有的达几万平方公里；较小的内陆河可形成较小的冲积平原，有的仅有数百平方公里。在冲洪积平原以下，一般进入绿洲的边缘区多为沙漠、沙丘或荒漠。

3. 内陆河的水文地质特征及规律

从大的地势上看，内陆河可大致分为山区内和山区外两大单元，山区内为内陆河的水流形成区和汇水区，往往水量充沛，水草丰富，不属于西北生态脆弱区的范畴。

(1) 冲洪积扇顶部。由于河流刚出山口，地形坡度大、水流集中、流量大、水流急。河水从山区携带的大量推移质物质，颗粒较大的，如砾石、巨大的卵石等多沉积于此。由于水流的冲积作用，在此处只能沉积存留较大的沉积物，小卵石、小砾石、砂等物质几乎在此处见不到沉积，地下水类型属于潜水。此处的沉积物水文地质特点是孔隙大、储水条件优异，地下水较容易从河水中得到补给，水流速度极快，该处地下水排泄主要是沿冲洪积扇向下游侧向渗流。此处是内陆河区域地下水循环最快的地方。故地下水的水质为低矿化水，其化学成分与当地河水水质相类似，矿化度往往低于 0.5g/L。

(2) 冲洪积扇顶部至中部。在这一带沉积物的特点接近于顶部，即以大颗粒沉积物（如卵砾石）为主，极少见到砂层，无不透水的黏土类或弱透水的砂类沉积物。从地表面计算，地下水埋藏深度很大，有的深达数百米，埋藏较浅的也有数十米之多，属于单一结构的潜水含水层。地下水的天然补给主要来自上游河水的入渗、山前侧向渗漏流入、山前暴雨洪流入渗。由于该区域往往有很多渠道等引水工程，渠道水的渗漏成为本区内地下水的又一主要补给源。该处由于地层颗粒粗大、透水性好、地表有时无土层，多为戈壁土石，渠道从此经过漏水成为地下水的补给。近几十年来，随着经济的发展，修建了大量高标准防渗渠道，使渠道在此地段的渗漏大幅度减少。多年平均视角下，假定其他地下水各项补给不发生度化，该区域仅渠道渗漏水量减少对地下水补给的影响也是非常大的。该区域一般土层很薄或无土层，种植耕地很少，即使有少量种植，单位灌溉面积水量的渗漏率也是比较大的。该区域也是地下水的水平运移区，含水层颗粒组成粗大，水平运流速度快，平均渗透 K 值为日均数十米甚至超过百米，地下水的排泄以水平侧向向下游方向的渗流为主，在此区域若发育有较深的山洪沟时，在沟底部可能以泉水形式溢出，成为该区域另一种地下水排泄方式，以上两种为该区域地下水天然排泄方式。此外，由于修建引水工程（渗管、机井）引取、开采地下水形成人为因素影响下的地下水排泄。该区域地下水水质优良，矿化度低于 0.5g/L。地下水的类型属于巨厚层的潜水。

　　（3）冲洪扇中部至冲洪积扇前缘。随着地形的坡度的逐渐变缓，河水携带物质运动的能力也逐渐减弱，沉积物颗粒逐渐变细，含水层多以卵砾石、砂卵砾石、砂砾石、砂层形式出现，含水层形式从其上游的单一潜水含水层向多层次转变，越接近扇缘，沉积物颗粒越细小，含水层与隔水层或弱透水层交替沉积，在扇缘附近交错层发育。浅层为潜水含水层，其下发育有多层次的浅层及深层承压水层。地下水的运移也从单一水平运移逐渐转变成水平与垂直运移同时并存的状况。由于含水层颗粒变细小，水平运移受阻，从而使地下水水力坡度变缓并使潜水埋深逐渐变浅，在扇缘处地下水溢出，形成泉水。该区域天然洪沟底部往往有泉水出露，有时泉水流量很大，这里的地下水天然排泄以泉水溢出和垂直蒸发形式为主，侧向向下游渗流量逐渐变小。含水层的渗透系数 K 值从冲洪积扇前部的每日数十米下降到扇缘处的小于 10m。地下水的矿化度在扇缘处为 1~2g/L，此区域也是绿洲的核心区，城镇、乡村、耕地广布。这里地下水埋藏深度适宜（约小于 20m），单井出水量大，水质基本能满足城镇及农业灌溉的需要。故此成为在绿洲开采地下水的最集中地段。由于集中开采往往造成地下水的大幅度下降，有的形成降落漏斗。原来的地下水浅埋区埋深在加大，泉水从原来的丰裕转为逐渐减少，有的甚至泉水枯竭。该处地下水的排泄方式，随着人类开采地下水的进程而发生巨大的变化，天然状态下的排泄是以潜水蒸腾蒸发、泉水溢出和地下水向下游的水平侧渗三种形式共同组成的。人类活动大量开采地下水以后，原来的地下水浅埋区大量减少，从而使原来通过蒸发、蒸腾排泄的地下水量大为减少，泉水流量也急剧变小。由于形成下降漏斗，原来向下游侧向排出的水量也在变小，这几项比原来减少的地下水排泄量多转化为地下水人工开采的方式排泄。

（4）冲洪积扇前缘至冲积平原。内陆河天然发育的状态是从冲洪积扇以外发育一定宽度的冲洪积平原，冲洪积平原的边缘则是内陆河的尾闾部位，多表现为湿地和湖泊，此区域外侧则为沙漠或荒漠。天然状态下的河流尾闾也是绿洲的外围保护带。人类从内陆河上游大量引用水之后，绝大部分的原内陆河尾闾湿地与湖泊消失，有的已成为荒漠或已被沙化。在此冲积平原处的水文地质条件一般较为复杂。随着地形变缓，水流携带和搬运能力减弱，在平原区的沉积物多以细颗粒沉积物为主，如含水层中以粗、中、细砂层为主，有的甚至为粉砂层，含水层厚度变薄，隔水层或相对隔水层以黏土或亚黏土为主。地下水水平径流极其缓慢，潜水及浅层承压水在浅表地层存在，而其下部往往具有多层承压含水层，潜水及浅层承压水由于受垂直蒸发的影响，地下水的矿化度变高，一般可达每升数克至数十克，其下部的承压水往往低于上部的潜水及浅层承压水，约为 $1\sim2g/L$。由此也证明潜水与浅层承压水与地表水体有较好的交换循环，而下部的承压水与上部的潜水之间水力联系甚微。该区域地下水的补给主要来自于渠道渗水及田间水的下渗，而从上游侧渗进入的水量很小。同时在此区域，年降水量很小，从 150mm 至 40mm 不等，且全年多次降水，故降水对地下水的补给是微不足道的。该区域存在大面积的农业开垦区，由于不透水或弱透水层的广泛分布，渠道水及田间水的下渗缓慢，往往停留在浅表的地层中，再加上缺少整套的排水设施，在该处往往形成广大的盐渍土地。为了灌溉和生活的需要，在该处也有抽水机井，但为了取得较好的水质而取用承压水，由于潜水及浅层承压水水质差，单井出水量小，故很少有开采用的机井。需要特别指出的是，在此处由于地下水位偏高，而致使土壤盐渍化，并不能由此说明该处地下水资源丰富，其原因是该处水质差，但浅表含水层的储水条件也差，造成盐渍化的主要原因是缺少排水设施或排水设施配套不足所致。

（5）冲积平原外侧的沙漠分布区。冲积平原与沙漠分布区之间，往往尚存在一段荒漠带。该区域位于原内陆河的尾闾附近，天然状态下地形不平坦，高低起伏，小冲洪沟纵横其间，此处的水文地质条件极其恶劣，主要为黏土或亚黏土类的土层分布，若存在含水层则是薄层的粉砂类夹层，地下水矿化度高，开采条件差。有些内陆河在此处较深处分布有深层承压水。该区域也有开采深层水进行垦殖的现象，由于深层承压水不具有可循环使用的条件，不应作为长期供水水源开发使用。该区域地下水埋深往往较浅，尚可供给一定盖度的野生植被存活。地下水的补给主要来源于内陆河洪期的下泄水量及沿洪沟下泄至此的农田排水、退水，平原的少量降水汇流至洪沟后流至此处。各种地表水体分布于低洼处，除了在当地被蒸发消耗掉以外，尚有部分渗入地下而成为地下水的补给。从其区域上游通过侧渗流入本区的水量极其微小，在该处往往有盐壳在地表分布。研究表明，当地表存在一定厚度的盐壳（约 1~2cm），对地下水的蒸发有很大的抑制作用，这才是在该区域尚能保持一定地下水埋深的重要原因之一。

4. 分区

我国西北生态脆弱区，主要表现形式是面积大小不同的内陆河流域。以上述内陆河的水文特征、地形地貌、水文地质条件等几个方面的分析，可见其具有同一的规律性。本书按水利部《水资源评价导则》的要求，地下水资源要与地表水资源统一规划，统一评价。本书主要依据水文地质条件、水资源统一调度和地下水资源保护、绿洲安全与生态脆弱区的保护三个方面对西北生态脆弱区进行分区。分区的起始点界定在内陆河出山口处，终点在绿洲与沙漠的交界处。经综合论证，将内陆河生态脆弱区划分为以下 4 个区（图 4.1）。

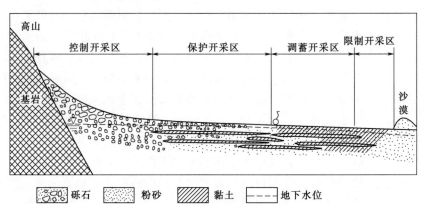

图 4.1 西北生态脆弱区分区概化图

（1）控制开采区。控制开采区处在冲洪积的顶部至冲洪积扇的中部附近，该处地下水埋深大，主要接受河水、山前侧渗、山前暴雨洪流入渗的补给，由于土层薄，或缺土层，耕地很少，绿洲内部灌区引水渠一般从此通过，渠道渗漏补给是该区重要的转化补给来源之一。该区是地下水天然补给的主要区域，水平径流速度快，是其下游地下水侧渗的主要源流区，为保证下游的地下水补给不被切断，在该区域应尽可能减少对地下水的开采，故命名为控制开采区。另外，该区域地下水埋深很大，开采的经济性也较差。

（2）保护开采区。保护开采区是指开采条件适宜，位置在冲洪积扇中部至冲洪积扇前缘一带。该处已是绿洲的主要农业区，多数内陆河城镇分布于此处。地下水的补给除了来自其上侧的侧渗水量外，主要是渠系渗漏和田间渗漏等的转化补给。地下水埋深较浅约小于 20m，单井出水量较大，单井每日出水可达数千立方米之多，在此处机井较多，是城镇生活及农业供水的主要形式之一。由于其水文地质条件及开采的经济性较好，故定名为保护开采区。

（3）调蓄开采区。调蓄开采区的位置已接近绿洲的下侧边缘，介于保护开采区与限制开采区之间，地貌部位属冲洪积平原的外缘。此处地形平缓，地下水水平径流极其缓慢，是地下水的垂直运移区，在浅表的地质剖面上可见到多个薄层的黏土和亚黏土类的夹层，阻滞了渠系水及田间水的大量下渗，由于排水不畅，在该区往往存在大量的盐渍化耕地。其外侧即为绿洲的外围的荒漠带，荒漠带的外侧即为沙漠。荒漠带是沙漠入侵绿洲的缓冲区，为了不切断本区地下水河荒漠带的侧向渗流，故在本区域内不宜大量开采地下水，若需开采地下水时，尽可能做到地下水在年内的采补平衡，以保持本区域地下水位的稳定，故定名本区域为调蓄开采区。

（4）限制开采区。限制开采区的位置在绿洲人工种植区与沙漠之间，有大量耐盐野生植物如红柳、骆驼刺、胡杨等。这里地下水埋深小于 5m 时，即能维持一定野生植物种类的存活和相应的覆盖度，这对绿洲的稳定和安全是十分重要的。为保障野生植物的存活，故在此区域内禁止开采地下水。即使是深层承压水也不宜开采，因为深层承压水补给极其困难，是不可持续利用的水资源，加之若开采后很可能造成表层地下潜水水位的下移造成野生植被的死亡。

这里也是上游洪水、农田排水、退水的消散地，上述来水也是本区域地下水补给的重要水源，故保持本区域上述来水流量也是本区域地下水保护的重要措施。

以上从共性的角度对西北生态脆弱区的区划提出概念模式，分区的基本特征见表 4.3，各内陆河流域除了上述共性之外，尚存在其各自的个性，故在进行区域划分时，在参照上述分区的基础上，可针对各内陆河的特点加以调整。

表 4.3　　　　　　　　西北生态脆弱区分区域的基本特征

分区 基本特征	控制开采区	保护开采区	调蓄开采区	限制开采区
地形地貌	冲洪积的顶部至冲洪积扇的中部附近，地形坡度大	冲洪积扇中部至冲洪积扇前缘一带	冲洪积平原的外缘，此处地形平缓	冲积平原与沙漠分布区
水文地质条件概述	地下水埋深大，主要接受河水、山前侧渗、山前暴雨洪流入渗的补给	地下水埋深较浅，小于 20m，地下水的补给除了来自其上侧的侧渗水量外，主要是渠系渗漏和田间渗漏等的转化补给	地下水水平径流极其缓慢，是地下水的垂直运移区，在浅表的地质剖面上可见到多个薄层的黏土和亚黏土类的夹层，阻滞了渠系水及田间水的大量下渗，由于排水不畅，在该区往往存在大量的盐渍化耕地	地下水埋深小于 5m，水文地质条件极其恶劣，主要为黏土或亚黏土类的土层分布，地下水矿化度高，开采条件差
水资源配置	非农业区，控制地下水开采	地表水与井水混灌区	地表水为主，地下水为辅	防护林引用地表水灌溉

4.4　西北生态脆弱区地下水水位管理

4.4.1　地下水水位对植被的影响

西北内陆盆地生态环境十分脆弱，生态环境的主体是植被，植被的生长状态决定着生态环境的好坏。在限制开采区，即保护带位置处的适宜生态水位一直是人们关注的焦点。而在其他生态脆弱区，如调蓄开采区，植被类型为人工作物。由于调蓄开采区主要采用人工灌溉，所以地下水水位埋深大小对其影响不大。植被作为生态环境的"指示剂"，是西北干旱内陆河流域生态环境的核心，也是对流域水土资源开发利用最为敏感的环境因子，植被的退化或恢复揭示了区域生态环境的演化与变迁。荒漠河岸林、灌木林和草甸等天然植被是河流下游植被生态体系的主体；天然植被主要靠地表河水及由地表河水维系的地下水来维持生存，植被生长的土壤水分、盐分条件则与地下水水位高低密切相关。天然植被对地下水的吸收主要依靠其根系，植物根系层范围内的土壤含水量必须保证植物生长最低的需水量要求，而土壤含水量则通过地下水的毛细上升作用来维持，其大小和分布取决于地下水位埋深。地下水水位过低时，毛管上升水不易到达植物根系层，使上层土壤干旱，植物生长受到水分胁迫而生长不良；地下水水位过高时，溶解于地下水中的盐分随毛管上升水聚集地表，在干旱地区强烈的蒸发作用下，使土壤发生盐渍化，对植物产生盐分胁迫。

1. 塔里木河流域

塔里木河流域地处我国西部干旱区，特殊的干旱环境使得降水对植被生长的影响微乎其微，绝大多数天然植被生长所需的水分主要依靠地下水。由于地表径流量时空分布的巨大差异，从上而下沿河道周围的地下水位呈现逐渐下降的趋势，从中游上段的 2m 左右逐渐下降到下游下段的 12m 左右。相应地，在不同水位梯度条件下，地表植被长势也表现出相应的变化特点。由于不同种属植物的抗旱性能及生长所要求的地下水位不同，在不同的水位梯度上植被的长势和出现的植物种也不同。根据调查，多数草本植被出现区域的地下水位一般在 3.5m 以上，而当水位在 3.5～5m 时，只能发现一些耐旱能力较强的罗布麻、胀果甘草、骆驼刺和少量长势不佳的芦苇。随着水位的继续下降，只有零星的草本植物出现。当水位在 2～4m 时，可以发现许多长势旺盛的灌木，如铃铛刺、柽柳、黑刺；地下水水位在 4～6m 的地区，铃铛刺、黑刺开始大面积死亡；水位在 9m 以下时，只有胡杨的过熟林和断续分布的柽柳；而水位在 12m 以下时，地表除了能见到低矮稀疏的刚毛柽柳外，基本看不见其他植物。从群落类型看：地下水位在 2～3.5m 时，群落类型以胡杨-柽柳-芦苇群落和芦苇＋柽柳-甘草群落为主，植被盖度一般在 40％左右；地下水位在 3.5～5m 时，群落类型以胡杨＋柽柳-罗布麻群落、黑刺-柽柳群落为主，植被盖度基本在 10％～30％；当地下水位在 5～12m 时，群落类型以胡杨＋柽柳群落，或者单一的胡杨林为主，植被盖度基本在 20％以下；当地下水位超过 12m 时，地表仅残存个别植株。

据相关统计研究，植被盖度的变化与地下水位变化呈现出非常好的相关性，随着地下水位的下降，植被盖度以指数形式下降，说明本区植被生长主要依靠地下水的补给；与此同时，随着地下水位的变化，样地内的植物种类也逐渐下降，一个样地内由最高的 12 种降到只有 1 种植物，说明随着水分条件的恶化，群落结构趋向单一。

新疆地矿局第一水文地质工程地质大队曾经在 20 世纪 90 年代初对塔里木河干流区的天然植物生长状态进行过实地调查。他们把植物的生长状态划分为 4 种状态，即①生长良好：枝叶繁茂，植株密集，有青幼林（苗）生长；②生长较好：枝叶繁茂，植株较密集，缺少幼林（苗）生长；③生长不好：枝叶稀疏，植株稀疏，趋于枯萎、死亡；④ 枯萎死亡。

通过调查发现：胡杨生长较好的地下水埋深是 0.5～7m，红柳生长较好的地下水埋深是 1～8m，高秆芦苇生长较好的地下水埋深是小于 3m，矮秆芦苇生长较好的地下水埋深是 0.3～5m，罗布麻生长较好的地下水埋深是 0.5～6m，甘草生长较好的地下水埋深是 0.5～6.3m，骆驼刺生长较好的地下水埋深是 0.5～6m。总的来看，地下水埋深超过 7～8m，所有植物几乎都不能生存。据调查，虽然在地下水埋深 8～10m 的地方也有胡杨和红柳的出现，但是它们的分布已经十分稀疏，而且都是中、老龄的胡杨和红柳，在这种环境下没有发现青幼林（苗）。

2. 黑河流域

近年来，由于黑河流域中游灌溉引水的增加，使得下游入境地表水量大为减少，削减了地下水补给量，地下水位持续下降。据刘少玉等的调查研究，额济纳境内沿河地区地下水位平均下降 1.1m，西河下游地区下降 3～4m，东河下游区降幅在 2～3m，使河湖泽地区与地下水浅埋地的植被大部分消失。30 年来，胡杨林由原来的 5 万 hm² 减少到 2.27 万 hm²，柽柳由原来的 15 万 hm² 减少到 10 万 hm²。植被的退化和消亡直接导致天然绿洲的萎缩，消退的绿洲则向荒漠化发展，引发生态环境的演变。因此，干旱区荒漠与绿洲两种不同生态景观体现了地下水位埋深与植被之间的响应关系。

3. 孔雀河流域

孔雀河流域的主要植物类型调查表明，研究区主要有胡杨、柽柳、黑果枸杞、盐穗木、铃铛刺、甘草、芦苇、罗布麻等植物。在 2008 年 7—8 月调查期内样地共有 19 种高等植物，分属于杨柳科、柽柳科、茄科、蝶形花科、豆科、藜科、菊科。植物以旱生落叶乔木、灌木（或半灌木）以及肉质植物为主，群落大多以稀疏的景观存在。建群植物盐穗木、柽柳、黑果枸杞等枝叶肉质化并极度缩小；植物大都具有泌盐、储水、高渗透压的生理特性，旱生和耐盐碱是孔雀河流域植物的突出特征。

群落物种多样性直接或间接体现群落结构类型、组织水平、发展阶段、稳定程度和生境差异。研究区的水盐条件影响了植物的多样性，加上垦荒、放牧等人为干扰，使河畔植物种类减少、结构简单、多样性降低。部分区域因垦荒植棉，农田灌溉，地表水侧渗和垂直方向下渗，周边土壤水分增加，盐分降低，重建了植物正常生长的水盐环境，多样性增加。

地下水埋深变化趋势从孔雀河上游至下游，依次选取普惠乡、古勒巴格乡、阿克其开乡、塔里木乡和阿克素甫乡（由于阿克其开乡样地及样points为胡杨纯林，植物多样性指数无法表示，故舍去）5 个典型调查断面。调查表明，普惠乡、古勒巴格乡平均地下水埋深分别为 2.79m、3.6m，从阿克其开乡至下游地下水埋深均大于 4.6m，地下水位埋深从上游到下游逐渐加深。由于当地开荒植棉面积迅速扩大，居民掘河利用孔雀河河道渗水进行农田灌溉，加速了孔雀河畔地下水埋深的下降。离河 50～650m，地下水埋深 3～5.6m，随离河距离的增加，埋深增大。而且，植物多样性与地下水埋深关系孔雀河上游至下游，随地下水埋深增大，植物多样性指数变化明显。地下水埋深 3.6m 是研究区植物多样性变化的拐点。随着调查区地下水埋深的下降，靠地下水维系生存的植物受到干旱胁迫，在阿克其开乡以下区域，地下水埋深大于 4.6m，灌木、草本植物个体数目减少，长势衰败，群落仅由胡杨和柽柳、黑果枸杞组成，几乎无草本植物生长，植物多样性降低，生态系统严重退化。离河 300m，植物个体种类、数目减少，多样性降低；离河 650m，样地大多靠近农田，因农田侧渗，植物种类、丰富度及多样性增加。可见，地下水埋深是影响研究区植物多样性变化的主要因素之一。

4. 疏勒河流域

疏勒河地下水水位下降是由于上游用水增加引起的。据分析，上游每增加 1m³ 用水量，中下游要减少 0.3m³ 地下水量。近 40 年来，疏勒河上游需水用水的大量增加，造成了中游地下水溢出带下移或消失，地下水位下降，出现漏斗区。与 20 世纪 60 年代初期相比，地下水位普遍下降 3～5m，有的下降 10m 以上。20 世纪 80 年代，敦煌西部玉门关、后坑子、马迷土、南大湖一带的胡杨干枯死亡，盐碱地上生长的罗布麻、甘草、骆驼刺、白刺也大片死亡，失去了植物群落的特征。疏勒河上游修建水库后，下游来水减少，河道断流，地下水补给系统失衡，两岸胡杨、红柳林成片枯死。

当地下水埋深在 1～2m 范围内，植物种类有芦苇、胀果甘草、大花罗布麻、沙旋花、花花柴、小花棘豆、拂子茅小蓟、苦豆子、骆驼刺，但地下水埋深 2～4m 时，骆驼刺、苦豆子比例加大，而芦苇、甘草、罗布麻等比例变小，种类也明显减少。由于地下水位下降，在安西国家级自然保护区内有 40 万 hm² 草场退化，芦苇和冰草根部裸露，逐渐被骆驼刺取代。

4.4.2 不同植被的地下水控制水位

1. 乔木

对于乔木，例如胡杨，地下水埋深在 5m 以上，土壤水分就能基本满足乔木生长需水，不会发生荒漠化；5～10m，由于土壤水分亏缺，植被开始退化，受沙漠化潜在威胁，是生态警戒水位；在 10m 以下，土壤含水量小于凋萎含水量，植被枯萎死亡，是沙漠化普遍出现的水位。建议对于乔木生长的地区，适宜生态水位范围应小于 6m。

2. 灌木

对于灌木，例如红柳，地下水埋深在 5m 以上，土壤水分就能基本满足灌木生长需水；5～7m，由于土壤水分亏缺，植被开始退化，受沙漠化潜在威胁，是生态警戒水位；在 10m 以下，土壤含水量小于凋萎含水量，植被枯萎死亡，可能出现沙漠化现象。建议对于灌木生长的地区，适宜生态水位应小于 5m。

3. 草本

对于草本植物，例如甘草，地下水埋深在 3m 以上，土壤水分就能基本满足灌木生长需水；大于 7m，由于土壤水分亏缺，植被开始退化甚至趋于死亡，可能出现沙漠化现象。建议对于草本植被生长的地区，适宜生态水位应小于 3m。

4.5 小结

本章主要讨论的是生态脆弱区的地下水位控制。由于生态脆弱区环境差异大，因此需要先对研究区进行生态脆弱区划分。由于生态系统的复杂性和多样性，需要选择生态环境的指示剂，通过研究各个生态脆弱区地下水位和生态环境指示剂之间的关系，从而提出地下水水位控制阈值。本章首先介绍了生态脆弱区的涵义和全国八大分区；再综述了西北生态脆弱区的研究现状；进而概述了西北内陆河流域研究现状，建立了西北生态脆弱区划分原则，分析了主要生态类型特点和划分了西北生态脆弱区；植被作为生态环境的"指示剂"，在分析地下水位与植被关系的基础上，研究了不同植被的地下水位控制阈值。

第 5 章

超采区地下水水位控制

　　超采地下水，会造成地下水水位下降，形成地下水水位"漏斗"，而持续、严重的超采地下水容易诱发地面沉降、地裂缝、地面塌陷等地质灾害，不仅导致房屋建筑倾斜开裂倒塌、地下管道弯裂、机井报废，还加重了城市防洪、防潮、排涝的负担，在滨海地区还容易造成海水入侵，造成人畜饮水困难、土壤盐渍化、地下水水质恶化等。本章在总结地下水超采区划分现状的基础上，介绍了超采区地下水控制水位的划分步骤、方法和实践，并介绍了地面沉降区、海水入侵区和城市及重大工程沿线等特殊类型、敏感区域的地下水超采区地下水控制水位的划分。

5.1　地下水超采区的划分现状

5.1.1　定义及分类分级

　　根据《地下水超采区评价导则》（SL 286—2003），地下水超采区是指某一范围内，在某一时期，地下水开采量超过了该范围内的地下水可开采量，造成地下水水位持续下降的区域；或指某一范围内，在某一时期，因开发利用地下水，引发了环境地质灾害或生态环境恶化现象的区域。

　　地下水超采区主要有以下 5 种分类：

　　（1）根据地下水开发利用目标含水层组的地下水类型，将地下水超采区划分为裂隙水超采区、岩溶水超采区和孔隙水超采区三类。

　　（2）根据一般基岩、碳酸盐岩的埋藏特征，将裂隙水超采区和岩溶水超采区分别划分为裸露型和隐伏型两种。

　　（3）根据松散岩土含水层组在垂直方向上分层发育的特征、自上而下的序次及地下水承压与否，孔隙水超采区可划分为浅层地下水超采区和深层承压水超采区。

（4）根据超采程度，将地下水超采区划分为一般超采区和严重超采区。

（5）根据面积大小，将地下水超采区划分为四级：面积不小于 5000km² 为特大型地下水超采区；面积小于 5000km² 且不小于 1000km² 为大型地下水超采区；面积小于 1000km² 且不小于 100km² 为中型地下水超采区；面积小于 100km² 为小型地下水超采区。

5.1.2　地下水超采区划分

5.1.2.1　划分标准

地下水开采量超过可开采量，造成地下水水位呈持续下降趋势，或因开发利用地下水引发了生态与环境地质问题，是判定地下水超采和划分地下水超采区的依据。以评价期内（一般为 10 年以上）年均地下水水位变化速率、年均地下水开采系数、地下水开采引发的生态与环境地质问题作为主要衡量指标划分超采区。地下水实际开采量超过可开采量，造成地下水水位呈持续下降趋势的区域或地下水开采引发了地面沉降、地面塌陷、地裂缝、土地沙化、名泉泉水流量衰减、海（咸）水入侵、水质恶化等生态与环境地质问题的区域应划分为地下水超采区。

在浅层地下水超采区、裂隙水超采区和岩溶水超采区中，符合下列条件之一的区域，划分为严重超采区：

（1）评价期内年均地下水开采系数大于 1.3。

（2）评价期内孔隙水水位年均下降速率大于 1.0m/年，裂隙水或岩溶水水位年均下降速率大于 1.5m/年。

（3）评价期内需要保护的名泉泉水流量年均衰减率大于 0.05。

（4）由于地下水开采引发了地面塌陷，且 100km² 面积上的年均地面塌陷点多于 2 个，或坍塌岩土的体积大于 2m³ 的地面塌陷点年均多于 1 个。

（5）由于地下水开采引发了地裂缝，且 100km² 面积上年均地裂缝多于 2 条，或同时满足长度大于 10m、地表面撕裂宽度大于 0.05m、深度大于 0.5m 的地裂缝年均多于 1 条。

（6）由于地下水开采引发了地下水水质污染，且在评价期内污染后的地下水水质劣于污染前 1 个类级以上。

（7）由于地下水开采引发了海水入侵，造成氯离子含量大于 1000mg/L。

（8）由于地下水开采引发了咸水入侵，造成地下水矿化度大于 1000mg/L。

（9）由于地下水开采引发了较严重的土地沙化现象。

在深层承压水超采区中，符合下列条件之一的区域，划分为严重超采区：

（1）评价期内地下水水头年均下降速率大于 2.0m/年。

（2）评价期内地面年均沉降速率大于 0.01m/年。

（3）由于地下水开采引发了地下水水质污染，且在评价期内污染后的地下水水质劣于污染前 1 个类级以上。

地下水严重超采区以外的地下水超采区为一般超采区。

5.1.2.2 划分方法及范围的确定

地下水超采区划分主要采用水位动态法、开采系数法和引发问题法 3 种方法。

1. 水位动态法

水位动态法以地下水水位（埋深）年均变化速率为评判指标进行超采区划分，具体步骤如下：

（1）计算地下水监测井水位（埋深）年均变化速率。统计评价期内各年监测井地下水水位（埋深）值，计算其地下水水位（埋深）年均变化速率，判断是否呈持续下降趋势。

地下水水位（埋深）年均变化速率按式（5.1）计算：

$$V = \frac{H_1 - H_2}{\Delta t} \tag{5.1}$$

式中 V——年均地下水水位（埋深）变化速率，m/年；

H_1——初始水平年地下水水位（埋深），m；

H_2——现状水平年地下水水位（埋深），m；

Δt——时间段，年。

（2）绘制水位变幅图。根据上述资料与计算结果，按不同地下水类型，绘制评价期内年均地下水水位（埋深）下降速率分区图。分区精度至少满足下述要求，有条件的地区可进一步细化：

浅层地下水：0～1m/年，>1m/年；

深层承压水：0～2m/年，>2m/年；

裂隙水、岩溶水：0～1.5m/年，>1.5m/年。

（3）初步圈定地下水超采区边界Ⅰ。根据地下水水位（埋深）年均下降速率的大小，初步圈出不同类型地下水超采区边界（包括一般超采区和严重超采区）。

2. 开采系数法

开采系数法以地下水开采系数为评判指标进行超采区划分，具体步骤如下：

（1）计算开采系数。

1）在水资源综合规划成果的基础上，统计计算不同类型地下水可开采资源量。

2）统计评价期内各计算单元不同类型地下水每年实际的开采量。

3）根据统计结果，按式（5.2）计算评价期内年均地下水开采系数：

$$k = \frac{Q_{实采}}{Q_{可采}} \tag{5.2}$$

式中　k——年均地下水开采系数；

　　$Q_{实采}$——评价期内年均地下水实际开采量，万 m^3；

　　$Q_{可采}$——多年平均地下水可开采资源量，万 m^3。

（2）绘制开采系数分区图。根据上述资料与计算结果，绘制地下水开采系数分区图。共分 3 个区，开采系数分别为：<1.0，1.0～1.3，>1.3。

（3）初步圈定地下水超采区边界Ⅱ。根据开采系数大小，初步圈出不同类型地下水超采区边界（包括一般超采区和严重超采区）。

3. 引发问题法

引发问题法以地下水开采引发的生态与环境地质问题作为评判指标进行超采区划分，具体步骤如下：

（1）计算生态与环境地质问题参数。

1）年均泉水流量衰减率按式（5.3）计算：

$$V_{泉} = \frac{Q_{泉t_1} - Q_{泉t_2}}{Q_{泉t_1} \Delta t} \tag{5.3}$$

式中　$V_{泉}$——$t_1 - t_2$ 期间年均泉水流量衰减率；

　　$Q_{泉t_1}$——t_1 年年均泉水流量，m^3/s；

　　$Q_{泉t_2}$——t_2 年年均泉水流量，m^3/s；

　　Δt——时间段，年。

2）年均地面沉降速率按式（5.4）计算：

$$V_{沉} = \frac{\Delta H}{\Delta t} \tag{5.4}$$

式中　$V_{沉}$——年均地面沉降速率，mm/年；

　　Δt——时间段，年；

　　ΔH——Δt 时间段内的地面沉降量，mm。

3）参照《地下水质量标准》（GB/T 14848—93），采用单指标法确定评价期初、期末地下水水质的类别。

4）统计因地下水开采引发的地裂缝、地面塌陷的数量和土地沙化的面积。

（2）绘制生态与环境地质问题分布图。根据地下水开发利用引发的地面沉降、地裂缝、地面塌陷、土地沙化、海（咸）水入侵、泉水流量衰减等生态与环境地质问题的分布及其严重程度，绘制因地下水开采引发的生态与环境地质问题分布图。

（3）初步圈定地下水超采区边界Ⅲ。在上述基础上，初步圈出地下水超采区边界。

采用上述 3 种方法初步圈定地下水超采区边界（Ⅰ、Ⅱ、Ⅲ）后，对 3 个范围进行叠加确定地下水超采区范围。根据 3 个边界的外包线，综合考虑地下水开发利用实际情况、水文地质条件、超采区划分精度、基础资料的可靠性、评价期前地下水超采情况等因素，对圈定的边界进行调整和修正，确定超采区分布范围。不同含水岩组超采区重叠时，按最大地下水超采区域进行总面积统计。

5.2 超采区地下水控制水位划分

划定地下水超采区控制水位的基本程序包括资料收集与整理、水位划定分区、合理水位划定、设定管理目标以及划定管理控制水位。

5.2.1 资料收集

1. 基础资料

（1）区域基本情况资料：包括区域范围和位置、行政区划、自然地理概况、地形地貌、气象水文、社会经济等资料。

（2）区域水文地质资料：包括区域地层、地质构造，地下水类型，含水层的结构、厚度状况，地下水补给、径流和排泄特征等资料。

（3）地下水资源量资料：包括地下水资源量、补给量、排泄量、可开采量和允许开采量等资料。

（4）地下水开发利用资料：包括地下水供水基础设施和数量，地下水开发利用历史情况，地下水水源地分布、类型与开采情况，地下水开采井的位置、类型等资料。

（5）地下水超采区评价资料：收集和整理地下水超采区评价成果资料，统计整理超采区的分布范围、面积、水位动态、超采量等。

（6）地下水位动态监测资料：包括地下水位监测井的数量、位置和高程，地下水位动态变化情况等资料。

（7）其他有关资料：包括土地利用功能分区，与地下水有关的地表水开发利用历史和现状，引水渠系长度、分布、引水量与引水灌溉量，河川径流量与变化情况，地表水灌区分布、范围、面积，渠系有效利用系数，地表水灌区（或井渠混合灌区）每年渠灌次数、定额、单位面积年灌水量、灌溉方式、节水措施和节水前景等资料。

2. 地下水监测资料

地下水监测井的选择要求：

（1）调查分析管理分区内现有地下水监测井分布状况和监测情况，包括监测井位置、坐标、地面高程、井深、地下水类型、监测目标含水层、监测条件和监测状况等。

（2）在现有地下水监测井的基础上，合理选择监测井（孔），地下水监测井分布应满足本次地下水管理控制水位划定工作的要求。有分层监测的地下水监测井，应全部选用。

（3）国家级、省级基本监测井（孔、点）应全部选用。

（4）在已有地下水监测井（长观孔）分布密度不能满足需要的情况下，可以选用已有地下水开采井作为补充并加以说明。

地下水监测井资料的要求如下：

（1）选择的地下水位监测井资料一般应符合《地下水监测规范》（SL 183—2005）资料整编要求。

（2）水位监测井资料要求有 2000 年以后，且有连续 10 年以上的监测数据。

（3）为便于统计分析，地下水位表述应统一高程基准，高程基准面宜采用 1985 国家高程基准。

（4）地下水位监测要求每年至少 1 次，选取受降雨和灌溉等因素影响最小月份的地下水位作为计算值。推荐以每年 3 月 31 日水位监测值作为当年地下水位值。

5.2.2 管理分区

1. 分区原则

（1）便于管理。为了方便行政管理和绩效考核，地下水水位划定分区以行政区划为基础，结合地下水开采布局和水文地质单元，并考虑土地利用功能区划和特殊管理要求等情况。

（2）预防生态和环境地质灾害。以已有生态和环境地质保护区划成果为基础，结合当地实际，重点针对生态环境和地质环境灾害易发区进行地下水管理控制水位划定分区。

（3）与原有地下水管理区划相衔接。结合已有地下水相关规划，在尊重传统地下水管理区划的基础上，进行地下水管理控制水位划定分区。

2. 分区要求

在行政区划层面要求划分到县一级行政区。在划分地下水位管理分区时，应重点考虑以下因素：

（1）保障供水安全：包括地下水集中供水区（水源地）和地下水分散开采区（农灌区）等。

（2）保障环境地质安全：包括地面沉降区、地面塌陷区、地裂缝区、海（咸）水入侵区和含水层疏干区等。

（3）维持生态健康：包括土壤次生盐渍化区、土壤沼泽化区、天然林草枯萎区、土地沙化区、重要泉域区和水源涵养区等。

（4）预防地下水污染：包括垃圾填埋场、大型油库储存场、危险物品堆放场和地下水污染区等。

5.2.3　管理目标设定

一般将已分解下达的压采指标设为管理目标；对于没有明确压采目标的，将已分解下达的总量控制指标设为管理目标。同时，充分考虑管理需要与现实可能的关系，确定不同阶段的地下水位管理目标。对于地下水超采较为严重但水位控制管理不可能一步到位的地区，确定地下水管理控制水位时，可以根据实际情况，分阶段确定地下水位管理目标。有分层管理要求的地区，根据不同的管理目标划分分层地下水管理控制水位。

5.2.4　划定方法

对于一般超采区主要有 Q-S 曲线法、含水层厚度比例法、地下水均衡法、数值法、回归分析法、时间序列法、疏干体积法、比拟法等控制水位划定方法。

（1）Q-S 曲线法适合于地下水长期开采且有长期动态监测资料的地区，主要适用于中、短期地下水位预测。

（2）含水层厚度比例法是依据地下水位下降占含水层总厚度的比例大小确定地下水管理控制水位的一种经验方法。方法操作简便，适合于资料缺乏，但含水层厚度已知、开发浅层水，且在邻近地区有开采经验且条件相当的地区。

（3）地下水均衡法主要适用于平原区第四系含水层计算区域平均水位。在蒸发量大的干旱区，应谨慎使用该方法。在地下水控制水位划定方面，可以利用水均衡原理，通过所设定的目标水位来计算相应的地下水开采量；也可以通过区域的补给量、排泄量来计算不同管理目标下相应的管理控制（目标）水位。

（4）数值法推求控制水位，适用于水文地质条件复杂、研究程度比较高、基础资料比较多的地区，在该类地区具有较高的准确性，特别是在地下水流场变化较大且以集中开采为主的地区。

（5）回归分析法适合于有大量地下水长期动态监测资料和相关资料的

地区。

（6）时间序列法适合于有地下水长期动态监测资料的地区，适用于中、短期地下水位预测。

（7）疏干体积法适用的条件如下：松散岩类孔隙水；超采区有多年水位监测资料，且监测孔较多；有系列开采量统计资料；水文地质条件清楚，给水度（或弹性释水系数）分区合理。在地下水管理控制水位研究中，可以通过确定的超采量推究地下水位最大降深值，以此作为超采区地下水位管理控制指标的划定方法。

（8）比拟法适用于条件简单，资料较少且水文地质条件相似的邻近地区。应分类比拟推算，根据实际情况，比拟的参数宜进行适当修正。

5.2.4.1　Q-S曲线法

1. 原理

Q-S曲线法是利用开采量（Q）与地下水位降深（S）之间的相互内在联系确定地下水位的一种方法，属于一元回归分析法中的一种特例。该方法是利用开采量（Q）与地下水位降深（ΔS）之间的相互内在联系确定地下管理控制水位，既根据目标压采量计算得到相应的地下水水位降深减少值（ΔS），即为对应的控制水位。

2. 计算步骤

Q-S曲线法推求控制水位的计算步骤如下：

（1）利用地下水长期动态监测资料绘制 Q-S 动态曲线图。

（2）在分析 Q-S 曲线关系的基础上，建立一元线性回归或非线性回归方程，确定不同地下水开采资源量（Q）下的地下水位降深（S）。

（3）在分析上述 Q-S 动态关系的基础上，核定计算区域的地下水可压采量，按式 $\Delta S=\dfrac{Q}{\mu F}$ 计算地下水管理控制水位，式中，Q 为压采量，万 m^3；μ 为计算区域的给水度，无因次；F 为计算区域的面积，km^2。

5.2.4.2　含水层厚度比例法

含水层厚度比例法是依据地下水位下降值占含水层总厚度的比例大小确定地下水管理控制水位的方法。含水层厚度比例法的计算步骤如下：

（1）计算该区域的多年年平均含水层变动率 R（%），管理部门以管理控制周期末年地下水达到采补平衡为目标，自行拟定管理控制周期（n 年）。多年年平均含水层变动率 R（%）是指评价期内潜水（含水层）开采区饱水层厚度的年均下降程度。多年平均含水层变动率可按式 $R=\dfrac{\Delta h}{Th_0}\times100\%$ 计算，式中：R 为多年年平均含水层变动率，%；Δh 为评价期起始年与评价期末年潜水

（浅层水）饱水层厚度之差，m；T 为评价周期，年；h_0 为含水层基准年厚度，m，指基准年潜水（浅层水）饱水层厚度。

（2）按照每年平均削减 R/n（％）的多年年平均含水层变动率，第 n 年达到采补平衡时地下水控制水位可按式（5.5）划定：

$$H_n = H' - R\left[n - \frac{R}{2}(1+n)\right]nh_0 \qquad (5.5)$$

式中　H'——管理控制周期地下水初始水位，m；

$\quad\quad H_n$——管理控制周期末年地下水水位，m；

$\quad\quad R$——多年年平均含水层变动率，％；

$\quad\quad n$——控制周期，年；

$\quad\quad h_0$——含水层基准年厚度，指基准年潜水（浅层水）饱水层厚度。

中国水利水电科学研究院提出地下水控制性关键水位的概念：地下水控制性关键水位是为了实施地下水目标管理而设定的一些目标水位值或阈值，反映水行政主管部门不同时期管理目标、理念、意志和偏好的表征指标。从监控和管理地下水动态的角度出发，提出了蓝线水位和红线水位的概念。以地下水为研究对象，分西北型、华北型、东部沿海型 3 种类型和一般区域，分别研究各种类型或区域地下水水位。其中，一般区域分为未超采区、采补平衡区、一般超采区、严重超采区和禁采区。对于未超采区蓝线水位为开采量达到可开采量的水位，红线水位为达到浅层含水层厚度的 2/3；对于采补平衡区，蓝线水位为多年平均浅层地下水位，红线水位为地下水位系列最低值与浅层含水层厚度 2/3 的最小值；对于一般超采区，蓝线水位为多年平均地下水位，红线水位为确定的含水层组厚度的 2/3；对于严重超采区和禁采区，限采水位为目标含水层组厚度的 4/5，禁采水位为 2/3。

5.2.4.3　地下水均衡法

1. 原理

地下水均衡法也称为水量平衡法或水量均衡法，是全面研究某一地区在一定时间段内地下水的补给量、储存量和消耗量之间的数量转化关系的平衡计算。地下水均衡法的基本原理为：对于一个均衡区的含水层组来说，地下水在人工开采以前，由于天然的补给排泄形成一个不稳定的天然流场，在其发展过程中，在任一时段内的补给量和消耗量之差，等于这个含水层组中水体积（严格说是质量，如承压水的弹性释放和储存）的变化量。

2. 计算步骤

地下水均衡法的计算步骤如下：

（1）划分均衡区。一般是在地下水位管理分区的基础上，根据水文地质条件划分若干个均衡区（计算区）。

（2）划分均衡期。根据地下水位管理时段要求确定均衡期。一般以一个或若干个水文年为一个均衡期（计算时段）。

（3）采用地下水均衡方程确定地下水控制水位。地下水均衡方程的一般形式为

潜水：
$$Q_b - Q_x = \pm \mu F \frac{\Delta h}{\Delta t} \tag{5.6}$$

承压水：
$$Q_b - Q_x = \pm SF \frac{\Delta h}{\Delta t} \tag{5.7}$$

式中 Q_b——均衡区计算期间各补给量总和，万 m^3；

Q_x——均衡区计算期间各消耗量总和，万 m^3；

$\mu F \frac{\Delta h}{\Delta t}$ 或 $SF \frac{\Delta h}{\Delta t}$——均衡区计算期间储存量的变化，万 m^3。

从多年周期变化来看，均衡区内总补给量和总消耗量是接近相等，即处在动态平衡状态。

人工开采地下水时，改变了天然流场，建立了开采状态下的动态平衡。在开采的最初阶段由于增加了一个人工开采量，必然使地下水的储存量减少，在开采地段地下水位下降，形成降落漏斗。漏斗扩大，流场发生了变化，则使天然排泄量减少，促使天然补给量增加，即补给增量。在开采状态下水均衡方程式可表示为

$$(Q_b + \Delta Q_b) - (Q_x - \Delta Q_x) = -\mu F \frac{\Delta h}{\Delta t} \tag{5.8}$$

由于开采前的天然补给量和天然消耗量是在一个周期内近似相等的，则 $Q_b = Q_x$，所以式（5.8）可简化为

$$Q = \Delta Q_b + \Delta Q_x + \mu F \frac{\Delta h}{\Delta t} \tag{5.9}$$

式中 Q——人工开采量，万 m^3；

ΔQ_b——开采时增加的补给量，万 m^3；

ΔQ_x——开采时减少的消耗量，万 m^3。

稳定型开采动态下，则最大允许开采量为

$$Q_{max} = \Delta Q_b + \Delta Q_x \approx Q_b + Q_x \tag{5.10}$$

如果是合理的消耗性开采动态，则最大允许开采量为

$$Q_{max} = \Delta Q_b + \Delta Q_x + \mu F \frac{S_{max}}{T_k} \approx Q_b + Q_x + \mu F \frac{S_{max}}{T_k} \tag{5.11}$$

式中 Q_{max}——最大允许开采量，万 m^3；

S_{max}——最大允许水位降深值，m；

T_k——开采年限，年。

3. 应用实例

中国地质大学的学者在 2012 年《地下水严格管理示范性建设研究》中,以邯郸市馆陶县为例,馆陶县是农业大县,多年平均农业实际开采量大于地下水开采量,致使地下水位持续下降,2001 年实施节水灌溉管理后,地下水位下降速率明显减少。运用地下水均衡法,根据深层地下水 2001—2011 年实际年降深监测值,计算深层地下水净补给量,以深层地下水临界水位作为限定条件,并根据管理目标,在确定地下水管理期限(2015 年)的基础上,计算地深层地下水的最大下降幅度并进一步用该下降幅度所对应的最大开采量,用以规划未来的地下水开采量。

5.2.4.4 数值法

1. 原理

数值法是把含有含水层边界值和初始条件复杂的偏微分方程,简化为简单的线性代数方程组,是一种离散近似的数学计算方法。常用的数值法包括有限差分法、有限元法、边界元法、有限体积法和特征线法等。

2. 计算步骤

数值法推求地下水控制水位的计算步骤如下:

(1) 建立水文地质概念模型。在研究和掌握区域地质、水文地质和地下水开采等实际情况,查清区域含水层介质特征、水动力条件和边界条件的基础上,进行水文地质条件概化,建立水文地质概念模型。

(2) 建立地下水数值模拟模型。通过一组描述地下水运动规律的偏微分方程以及反映地下水系统边界条件和初始条件的定解条件来确定。

(3) 进行模型的识别和验证。采用模型参数进行正演和反演计算,对模型进行校正,然后验证模型。

(4) 地下水位预报。在数值模型得到验证的基础上,通过设定不同开采方案和补排条件,模拟计算其水位变化情况。

3. 应用实例

中国水利水电科学研究院的学者 2013 年以河南省安阳市为例,利用 GMS 建立安阳市地下水水量模型,以地下水资源评价结果中的可开采量作为模型地下水开采量,模拟不同保证率降水量情况下的地下水位动态特征,在降水量等于 95% 保证率的情况下,得出的年最低地下水位作为安阳市水源地的基准水位。

5.2.4.5 回归分析法

1. 原理

回归分析法是一种从事物因果关系出发进行预测的方法。在操作中,根据统计资料求得因果关系的相关系数,相关系数越大,因果关系越密切。通过相关系数就可确定回归方程,预测今后事物发展的趋势。回归分析法是在掌握大量观察数据的基础上，利用数理统计方法建立因变量与自变量之间的回归关系函数表达式（回归方程式）。当研究的因果关系只涉及因变量和一个自变量时，称为一元回归分析；当研究的因果关系涉及因变量和两个或两个以上自变量时，称为多元回归分析。在回归分析中，依据描述自变量与因变量之间因果关系的函数表达式是线性的还是非线性的，分为线性回归分析和非线性回归分析。

2. 计算步骤

回归分析法的计算步骤如下：

（1）根据预测目标确定自变量和因变量。

（2）建立回归预测模型。

（3）进行相关分析。

（4）检验回归预测模型，计算预测误差。

（5）计算并确定预测值。

3. 应用实例

南京水利水电科学研究院利用上海 1996—2000 年水位和地面沉降量资料，通过建立累计地面沉降量和水位及时间的回归方程和利用遗传算法进行迭代计算建立拟合方程的两种方法，计算在不同水位条件下相应的地面沉降量，预测在各个水位方案下地面沉降发展的趋势，并进一步通过极限法确定地面沉降极限情况下的最高和最低地下水位。在资料较为翔实的情况下，逐步回归分析法和遗传算法在拟合方程、拟合精度上大致相同，但遗传算法更具科学性和精确性，适用于资料数据不充分、拟合年份有限的情况。

5.2.4.6 时间序列法

1. 原理

时间序列法是利用按时间顺序排列的数据预测未来的方法，是一种常用的数学分析方法。事物的发展变化趋势会延续到未来，反映在随机过程理论中就是时间序列的平稳性或准平稳性。常用的时间序列法包括移动平均法（滑动平均法）、指数平滑法、自回归法、时间函数拟合法和剔除季节变动法等。

2. 计算步骤

时间序列法推求地下水控制水位的计算步骤如下：

（1）收集地下水位历史资料，加以整理，编成时间序列，并根据时间序列绘成统计图。

（2）分析时间序列，确定时间序列变动模式。

（3）选择适宜的时间序列预测方法和预测模型。

（4）进行地下水位预测。

（5）预测误差分析。

5.2.4.7　疏干体积法

1. 原理

疏干体积法是利用超采区多年超采疏干的含水层体积计算超采量，是计算第四系松散岩类地下水超采区的超采量的有效方法。

2. 计算步骤

疏干体积法推求控制水位的计算步骤如下：

（1）核定计算区域的地下水可开采量。

（2）采用疏干体积法计算公式计算地下水控制水位，疏干法计算公式如下：

对于孔隙潜水：
$$Q_c = \mu(V_i - V_j)/n \tag{5.12}$$

对于承压水：
$$Q_c = \mu d(V_i - V_j)/n \tag{5.13}$$

其中　Q_c——超采区的多年平均超采量，m^3；

　　　　μ——含水层的给水度；

　　　　μd——含水层弹性释水系数；

V_i 和 V_j——分别为计算初始时段和计算时段含水层疏干的体积（承压含水层是含水层弹性释放的体积）；

　　　　n——计算时段，年。

具体计算时，应将整个超采区作为计算范围，作出两个时段的等水位线图，确定研究区相应范围内地下水位下降值和疏干范围的形状；同时适当概化超采区的形状，并依据含水层的给水度（或弹性释水系数）变化情况对研究区进行剖分；按照每个剖分单元形状采用不同的求积公式，计算出各个单元的体积与超采量，累加后求出该超采区多年平均地下水超采量。

3. 应用实例

部分学者应用疏干体积法，在不同地区开展了地下水超采量的研究。如李有成等（2002）在《疏干体积法在地下水超采量计算中的应用》中，以青州市为例，利用疏干体积法计算青州市平原井灌区地下水超采量，利用了从 1974 年（初始年）和 2002 年（现状年）的地下水水位埋深，计算近 30 年来研究区的地下水超采量。钱学溥（2004）也应用疏干法求解地下水的资源量。

5.2.4.8　比拟法

1. 原理

比拟法也称类比法，是以地区间水文地质条件的相似性为基础，将相似地区的水文地质相关资料移用到研究地区的一种简便计算方法。

2. 计算步骤

比拟法是通过分析对比两个比拟地区的水文地质条件、工程地质条件、地下水开采程度、水文气象、地形地貌、地质灾害发育程度等，比拟推算确定地下水控制水位。在监测数据不全或没有监测资料的地区，可依据相邻有完整监测资料且地下水类型相同地区的数据进行类比分析。对第四系孔隙水，主要根据地下水含水层的厚度、岩性组成、渗透性能及单井涌水量、单井抽水影响半径、现状地下水开发利用情况等，并参照已有的采补平衡区的开采模数进行类比分析，可采用实际开采量调查法、实际开采量模数类比法和单位面积可开采量法等方法分析确定地下水控制水位。对碳酸盐岩岩溶水，可根据地下岩溶发育情况、地下水富水程度、调蓄能力、开发利用情况等，用实际开采量调查法和实际开采量模数类比法分析确定地下水控制水位。

5.2.5 划定实践

地下水管理控制水位划定工作是国家实行最严格水资源管理制度中"实行地下水取用水总量控制和水位控制"政策的具体实践，是一项崭新、并具有重要科学意义和实践价值的工作。山东省、江苏省、山西省和河北省邯郸市根据各自的特点，采用不同方法，在全国较早地对地下水管理水位进行了划定，有一定的典型性和代表性，为类似地区的地下水水位管理工作提供了具有参考性的实践经验。

山东省的基准水位/警戒水位划分，由于含水层厚度法确定的基准水位符合水资源可持续利用的原则，对历史资料数据要求不高，易于接受，具有较强的可操作性和普遍适用性。江苏省地下水红线的确定基于其长期而较为准确的地下水水位和地面沉降监测数据，其采用的划定方法复杂，并附之大量的实验成果，基础数据依赖程度高，不适用于资料缺乏地区，快速、全面地推广具有一定的难度。山西省的考核水位，便于水行政主管部门量化地下水资源管理，有助于地下水水资源的科学管理，山西省以上年度地下水水位值作为水位考核基准值，尊重各地地下水位现状，具有一定的动态管理理念，考核方法简单同时具备可操作性。

5.2.5.1 山东省

为加强地下水超采区治理、保护济南泉域、保护地下水水源地与防止海（咸）水入侵，山东省于 2010 年分别印发了《关于印发〈山东省实施最严格水资源管理制度工作方案〉的通知》《关于〈开展最严格水资源管理制度建设试点工作〉的通知》和《山东省地下水位警戒线划定技术大纲》，开始对省内 35 个水源地划定地下水警戒线，实行地下水位预警管理。根据区域地下水资源评价及水源地地下水资源评价等有关成果，确定地下水开发利用目标含水层组的层位、厚度、岩性特征、区域分布、地下水类型及地下水补给量、可开采量等，在基准水位划定的基础上，以可开采量为控制指标划定地的警戒水位。其中，基准水位是地下水在开采过程中生态环境不遭受破坏的最低水位，警戒水位是为保障供水安全和保护生态环境而设定的预警水位线。警戒线分为黄、橙、红 3 种，其中"黄色"为最轻警戒级别，"橙色"为较高警戒级别，"红色"为最高警戒级别。

山东省采用地下水位动态模拟分析法和含水层厚度比例法两种方法确定地下水基准水位，以两种方法确定的高水位作为划定区初步的基准水位。在此基础上，对有地下水质保护、环境地质灾害防治、泉水保护等特殊需求的，根据其约束条件进行调整，最终确定基准水位。在采用地下水位动态模拟法进行水位分析时，以水源地满负荷开采（即地下水开采量等于评价的可开采量）为条件，模拟不同保证率降水量情况下的地下水位动态特征，并将在降水量等于 95％保证率的情况下所得出的年最低地下水位定为水源地的基准水位。

模拟计算的初始水位确定分两种情况：一是对于尚未充分开发的水源地，以现状水位作为模拟计算的初始水位；二是对于已经充分开采或者已经超采的水源地，以已经充分开采但未超采情况下的多年平均水位作为模拟计算的初始水位。山东省主要将含水层厚度比例法用于孔隙水的水位划定，将达到开发利用目标含水层组厚度 1/2 时的地下水位定为山前冲洪积平原孔隙水基准水位、达到开发利用目标含水层组厚度 2/3 时的地下水位定为山间河谷平原孔隙水基准水位、达到开发利用目标含水层组厚度 1/2 时的地下水位定为黄泛平原浅层孔隙水基准水位。

划定地下水警戒水位时则采用了水均衡法和类比法。水均衡法主要用于第四系含水层，其中黄色警戒线水位以基准水位为起点，基准水位以上满足 3 个月正常供水水量即 $W_{3(工、生)}$ 所对应的代表水位作为黄色警戒线，计算公式如下：

$$H_{黄} = [W_{3(工、生)} - (Q_{总补} - Q_{总排} - 102h_{基}\mu F)]/(102\mu F) \qquad (5.14)$$

橙色警戒线水位以基准水位为起点，基准水位以上满足 2 个月正常供水水量即 $W_{2(工、生)}$ 所对应的代表水位作为橙色警戒线，计算公式如下：

$$H_{橙} = [W_{2(工、生)} - (Q_{总补} - Q_{总排} - 102h_{基}\mu F)]/(102\mu F) \qquad (5.15)$$

红色警戒线水位以基准水位为起点，基准水位以上满足 1 个月正常供水水量即 $W_{1(工、生)}$ 所对应的代表水位作为红色警戒线，计算公式如下：

$$H_{红} = [W_{1(工、生)} - (Q_{总补} - Q_{总排} - 102h_{基}\mu F)]/(102\mu F) \qquad (5.16)$$

在应用类比法确定灰岩岩溶裂隙水水位时，根据地下岩溶发育情况、地下水富水程度、调蓄能力、开发利用情况等，用实际开采量调查法和实际开采量模数类比法分析确定。对第四系孔隙水，主要根据地下水含水层的厚度、岩性组成、渗透性能及单井涌水量、单井抽水影响半径、现状地下水开发利用情况等，并参照已有的采补平衡区的开采模数进行类比，用实际开采量调查法和实际开采量模数类比法综合分析确定。

5.2.5.2 山西省

山西省由于地下水的超采，导致地下水位持续下降，引发地面沉降、水质恶化、泉水断流等一系列环境、生态问题。为了改善生态环境和解决地下水位持续下降的问题，山西省将地下水资源的保护和合理利用纳入山西省经济社会发展考核评价指标体系。2008年12月，山西省发布"关于贯彻落实《山西省人民政府关于修订〈'十一五'时期地区经济社会发展考核评价工作方案（试行）〉的意见》的实施意见"，将地下水位升降幅度指标正式纳入市、县级经济社会发展考核评价指标体系当中。山西省自实行年度水位升降幅考核以来，各地地下水位下降趋势得到有效遏制，部分地区水位实现回升。

山西省实施地下水位变动幅度考核对象为市、县两级，即按照行政单元分区，最小至县级，进行水位控制和分区，以地下水位升降幅作为地下水考核指标。地下水位升降幅度是将考核年上一年年末（12月中旬）水位作为基准水位，以考核年同期水位值与基准水位之差作为年度水位。计算方法为

$$\Delta h_均 = (\Delta h_1 + \Delta h_2 + \cdots + \Delta h_i + \Delta h_n)/n \qquad (5.17)$$

$$\Delta h_i = h_{i,m} - h_{i,m-1} \qquad (5.18)$$

式中　　Δh_i——各省定监测站年度水位升降变化值，m；

$\quad\quad\ h_{i,m}$——各省定监测站本年度地下水位值，m；

$\quad\quad h_{i,m-1}$——各省定监测站上一年度同期地下水位值，m。

在进行考核评分时，被考核区域地下水位年度升降变化值分两种情况考虑：有超采区的县（市、区），当$\Delta h_均 \geqslant 0.8$m，即年度同期水位上升值不小于0.8m时得分100分；当0.2m$\leqslant \Delta h_均 < 0.8$m时，得分70～100分，即在100分的基础上，下降值每增加0.1m，减5分；当-0.2m$\leqslant \Delta h_均 < 0.2$m时，得分70分；当$-1.5m\leqslant \Delta h_均 < -0.2$m时，得分在70分的基础上，下降值每增加0.1m，减5分；当$\Delta h_均 < -1.5$m时，即地下水平均年度下降幅度大于1.5m时得分为0。没有超采区的县（市、区），当$\Delta h_均 \geqslant 0.3$m，即年度同期水位变化值不小于0.3m时得分100分；当-0.2m$\leqslant \Delta h_均 < 0.3$m时，得分70～100分，即在100分的基础上，下降值每增加0.1m，减6分；如果连续两年下降，得分70分；当-1.5m$\leqslant \Delta h_均 < -0.2$m时，得分在70分的基础上，下降值每增加0.1m，减5分；当$\Delta h_均 < -1.5$m时，即地下水平均年度下降幅度大于1.5m时得分为0。

同时，山西省在全省开展大规模的应急水源工程建设，使地表水供水能力显著增长，以减少地下水抽取量；全省大幅度提高水资源费征收标准，地下水超采区由1.2元/t提高到3元/t；省政府将地下水位变化纳入各地经济社会发展考核指标；全面推广节水体系建设，实行最严格的地下水资源管理制度，初步建成了全省地下水监测网络，控制体系直接到县。

5.2.5.3　河北省邯郸市

河北省邯郸市采用水位动态法、开采系数法和引发问题法对邯郸市的超采区进行复核，并根据综合评价成果，分别对平原浅层地下水和深层地下水对邯郸的地下水可开采资源量、地下水开发利用情况、超采程度进行评价。再根据邯郸市地下水历史开采现状、深层地下水的利用情况，以及南水北调引水工程、引黄工程、水网引水工程等，按照用水总量控制指标体系，实行区域取用水总量控制，制定年度用水计划，确定以 2010 年为现状年，根据邯郸市各县（市、区）2015 年用水总量控制指标对水量进行分配，根据已分配的水量，浅层地下水的降深由控制超采量推求，深层地下水水位按照各工作单元水文地质条件结合面积系数法合理分配各基本工作单元的可开采量，再进一步考虑各行政区深层地下水经过引江水代替后的实际需要开采量，再按照下式计算县级行政区域内地下水水位的平均变化值。

浅层地下水控制方案为由控制超采量推求地下水位降深，计算公式为

$$\Delta W = \Delta h \mu F \tag{5.19}$$

式中　ΔW——浅层地下水蓄变量，万 m^3；

　　　Δh——地下水降深，m；

　　　μ——潜水变幅给水度；按邯郸市平原区取值，0.072；

　　　F——计算面积，m^2。

深层地下水水位控制方案为利用可开采量与实际开采量差值计算县级行政区域内地下水水位的平均变化值，计算计算公式如下：

$$\Delta H = Q /(\mu^* F \cdot 102) \tag{5.20}$$

式中　ΔH——计算时段初、末时刻水位差，m；

　　　μ^*——水位变幅带岩性弹性释水系数，0.0027；

　　　F——计算区面积，km^2；

　　　Q——计算区地下水开采量与可开采量差值，万 m^3。

邯郸市为了确保各县（市、区）的地下水水位控制效果，对各县（市、区）地下水水位控制情况进行考核。考核内容包括各县（市、区）地下水水位控制制度的建设情况和措施的落实情况，重点水位监测站的地下水水位及变化情况。水位考核的目标为督促各县（市、区）建立完善的地下水水位监测管理制度，确保地下水水位控制措施的有效落实；各县（市、区）重点水位监测站的地下水水位控制在合理的开采水位线；地下水下降速率控制在合理的范围内。

考核办法是以自测和上级抽查相结合，实行百分制，分为组织、制度、效果 3 个方面进行考核。其中，自测指各县（市、区）加强对地下水水位监测站的监测，做好记录，建立地下水水位的监测档案，每个季度进行一次自测，检

查监测数据的完整性和准确性，对发现的问题进行登记入档。每年5月、9月进行汇总上报，将自测结果上报市水资办。上级抽查指市水资办结合各县（市、区）上报的地下水水位监测资料，进行检查和分析，对有疑问的及时进行核实，并对合格的监测数据进行抽查，对各县（市、区）不定期进行实地检查。

第6章

地面沉降区地下水水位控制

6.1 地面沉降的定义

本书中地面沉降特指由地下水、地下热水、油气等地下流体资源开采和工程建设等人类工程活动所引发的地面沉降（引自《全国地面沉降防治规划（2011—2020 年）》）。

6.2 地面沉降的分布

过量开采地下水诱发的地面沉降问题已经成为世界性环境地质问题，目前有 100 多个国家和地区受其影响，包括美国、墨西哥、意大利、日本、泰国、伊朗和我国台湾地区等。

我国地面沉降最早发生于 20 世纪 20 年代的上海市和天津市，到 60 年代，两市地面沉降灾害已相当严重。70 年代起，长江三角洲的苏州、无锡、常州、杭州、嘉兴、湖州等主要城市和河北平原东部地区也相继出现地面沉降。80 年代以来，地面沉降范围从城区开始向农村扩展，并伴生地裂缝，地面沉降危害进一步加重。2009 年的调查与监测结果显示，全国累计地面沉降量超过 200mm 的地区达到 7.9 万 km²，发生地面沉降的城市超过 50 个，地面沉降的程度和范围有进一步发展和扩大的趋势。

长江三角洲地面沉降区累计沉降量超过 200mm 的面积近 1 万 km²，其中上海中心城区和江苏、无锡等沉降中心的最大累计沉降量超过 2500mm。苏州、无锡、常州地区因差异性沉降而出现地裂缝。

华北平原是我国地面沉降连片分布范围最大的地区，累计沉降量大于 200mm 的沉降面积达 6.2 万 km²。其中天津市和沧州地区地面沉降中心最大累计沉降量超过 2500mm。此外，在沧州、衡水和保定等地区不同程度地发生地裂缝。

汾渭盆地地面累计沉降量大于 200mm 的沉降面积达 $7000km^2$，同时出现大量地裂缝。

6.3　地面沉降的成因

地下流体开采主要包括地下水、天然气、石油和地热资源等。其中，持续过量开采地下水已成为诱发地面沉降的主要人为因素之一。

典型的沉积含水层系统是由一系列含水层和弱透水层互层组成，由于过量开采地下水而导致弱透水层固结，进而导致含水层压缩，引发了地面沉降。

1925 年，太沙基根据含水层结构的有效应力原理最早提出一维形变固结模型（Terzaghi，1925）。该固结模型（Terzaghi，1925；Terzaghi，1943）指出随着有效应力的变化，组成含水层系统的材料发生形变。太沙基有效应力原理描述的是测压水头波动与垂直形变的关系，其中水头表示为相等的孔隙水压力变化，垂直应变相当于含水层系统形变，公式表示如下：

$$\sigma_T = P + \sigma_e \tag{6.1}$$

式中　σ_T——含水层系统上的全部应力，包括地压载荷、上覆沉积物自重及水的重力；

P——孔隙水的压力；

σ_e——有效应力（或称"颗粒间应力"）。

因此孔隙水压力和含水层系统骨架支撑着上覆沉积物及水的重力。因此应力 P 的变化（水头波动）引起了有效应力的反向变化，含水层系统的有效应力变化会引起含水层系统的压缩（膨胀），进而表现为地面沉降这个环境地质问题。

太沙基有效应力原理［式（6.1）］表明对于一个常量，总应力在孔隙压力上的变化引起了相同幅度的、单调递减的有效应力变化。Rendulic（1936）提出由一维广义形变固结理论扩展到三维形变理论。Boit（1935，1941）实现了孔隙弹性的线性理论。随后一些学者（包括 Biot 本人）对 Biot 模型进行了一些扩展（Biot，1955，1956，1962），其中扩展内容包括了孔隙各向异性介质的弹性和固结理论（Biot，1955；Carroll，1979），孔隙介质中含水层弹性释水机理（Verruijt，1969），岩体和土体的孔隙弹性参数特性（Rice，1976），载荷孔隙岩体抽排水的温度场响应特征（Palciauskas 等，1982；McTigue，1986），以及尝试采用孔隙压力与三维形变场耦合。假设材料是各向同性的，根据达西定律和虎克定律的有效原理，在饱和介质中的压力和应力场可以由如下系统的耦合偏微分方程描述：

$$\frac{K}{\rho g}\nabla^2 p = \frac{\partial \varepsilon}{\partial t} + n\beta \frac{\partial p}{\partial t} \tag{6.2}$$

$$(\lambda + 2\mu)\nabla^2 \varepsilon = \nabla^2 p \tag{6.3}$$

式中　K——水力传导率；

　　　ρ——孔隙流体密度；

　　　g——重力加速度常量；

　　　ε——增加的体应力；

　　　n——孔隙度；

　　　β——流体可压缩性；

λ、μ——常量；

　　　t——时间。

公式详见 Verruijt 文献（1969）。式（6.3）可以积分为

$$(\lambda + 2\mu)\varepsilon = p + f(\tilde{\chi}, p), \nabla^2 p = 0 \tag{6.4}$$

在一维上公式可表示如下：

$$(\lambda + 2\mu)\varepsilon = p \tag{6.5}$$

将式（6.5）代入式（6.2）得到一维扩散方程：

$$\frac{K_v}{\rho g}\frac{\partial^2}{\partial z^2}p = (\alpha + n\beta)\frac{\partial p}{\partial t} \tag{6.6}$$

式中　K_v——垂直水力传导率；

　　　z——垂直坐标；

　　　α——复合材料可压缩能力。

式（6.6）来自于太沙基理论。

孔隙弹性理论经过了几十年的发展，已经由一维发展到三维各向均质（Biot，1941）、各向异性介质模型（Biot，1941；Carroll，1979）。然而，一维弱透水层、含水层释水形变模型仍被广泛地使用（Hoffmann，2003；Michael T. Pavelko，2004），用以解释含水层系统压缩而引起的地面形变问题。当前地下水数值模拟工具中多将地面沉降问题作为一维处理（Leake，1991，1997；Holzer，1998；Hoffmann，2003b）。建立一个真三维理论模型将需要大量含水层、弱透水层水平和垂向的水文地质参数，而这些参数在实际的地下水系统中多为未知量，很难获得（陈崇希，2001；薛禹群，2006）。在本书分析中，从实效角度出发采用了通常使用的一维固结理论。

6.4　地面沉降区地下水水位控制

由于地下水过量开采是造成地面沉降的主要原因，为解决地下水超采及其

引发的地面沉降问题，世界各地采取了很多防治办法，如日本和我国台湾采取的是严格控制地下水开采来减缓地面沉降；美国成立了哈里斯—加尔维斯顿地面沉降管理区，制定严格的水井建设和地下水开采量总量控制计划，以达到地面沉降防控目标。

我国为防治地面沉降问题，相关省（自治区、直辖市）也做了大量工作。长江三角洲地区在我国地面沉降防控管理方面率先进行了积极的探索与实践，上海地区采用减少地下水开采量、地下水回灌以及调整开采层位的方法治理，地下水开采量从 2000 年的 9459 万 m³ 调减至 2009 年的 3000 万 m³，通过地下水限采和地下水人工回灌等措施，年沉降量已基本控制在 7mm 以下。

苏州、无锡、常州地区自 1996 以来多部门联合采取了限制开采的措施，开展了五年期（1996—2000 年）的限制压缩开采工作，从 1996 年起，地下水开采总量每年压缩 20%。2000 年江苏省人民代表大会出台了《关于在苏锡常地区限期禁止开采地下水的决定》。从 2000—2003 年，首先在超采区实行禁止开采地下水；2003 年 12 月 31 日起在地下水超采区禁止开采地下水，2005 年 12 月 31 日前苏州、无锡、常州地区全面禁止开采地下水，共封井 4745 眼。禁止开采地下水后，苏州、无锡、常州地区地下水位全面回升，地面沉降得到有效控制。在 2000 年实施区域地下水禁采措施后，苏州、无锡和常州中心城市区沉降已基本得到控制，常州南部年沉降量为 20～35mm，江阴南部年沉降量为 20～30mm，吴江南部年沉降量为 30～40mm，较"禁采"前降幅超过 20mm。

浙江省杭州、嘉兴、湖州地区以及沿海平原区均实施了地下水禁采与限采工作，采取地下水禁限采措施后，嘉兴、宁波市等中心城区年沉降量已降至 10mm。

天津市 1986 年进入地面沉降治理阶段，特别是引滦入津通水以来，针对中心市区和塘沽区实施了四期控沉计划，在中心城区和塘沽城区进行了大规模的地下水压采和水源转换工作，西青区、汉沽城区和武清区城区也于 2000 年后相继开展了地下水压采工作，实施了压采地下水等控沉措施。地面沉降防治工作取得良好效果，中心城区和滨海新区的地面沉降速率大幅度减小，稳定在 20mm/年左右；武清区、宝坻区和宁河县的地面沉降速率控制在 20mm/年以下；环城四区和静海县等地面沉降严重区沉降速率上升的趋势得到基本遏制。天津市于 1997 年成立了全国唯一专门防治地面沉降的机构——天津市控制地面沉降工作办公室。

河北省关停城市自备井 1979 眼，减少地下水开采 1.78 亿 m³，地面沉降最严重的沧州市区深层地下水自备井全部关停，地下水位明显回升。沧州市自 2005 年开始实施关停单位自备井的禁采措施，市区年沉降量已由 60～80mm

降至 35～55mm。

陕西省 2003 年对沿渭河的西安、宝鸡、咸阳、渭南四市划定了地下水禁采区和限采区，明确了地下水超采区取水总量和压采目标。近年来，关停、封填各类自备水源井 2000 多眼，年均压采地下水 5290 万 m^3。宝鸡、西安等城市的地下水水位出现明显回升，超采区面积缩小。西安市局部重点地面沉降防治区年沉降量已由 2002 年的 42mm 降到 2006 年的 15mm。

1. 分区原则

在划定地下水管理控制水位时，由于水文地质条件、地下水含水层厚度等条件的不同，往往需要分区划定管理控制水位。要遵循便于管理、预防生态和环境地质灾害、与原有地下水管理区划相衔接的原则设定地下水管理控制分区。

（1）便于管理。为了方便行政管理和绩效考核，地下水水位划定分区以行政区划为基础，结合地下水开采布局和水文地质单元，并考虑土地利用功能区划和特殊管理要求等情况。

（2）预防生态和环境地质灾害。以已有生态和环境地质保护区划成果为基础，结合当地实际，重点针对生态环境和地质环境灾害易发区进行地下水管理控制水位划定分区。

（3）与原有地下水管理区划相衔接。结合已有地下水相关规划，在尊重传统地下水管理区划的基础上，进行地下水管理控制水位划定分区。

遵循上述便于管理和预防生态及环境地质灾害的分区原则，结合地面沉降发展规律、地下水漏斗空间分布规律，将常州市划分为常州市市区、常州市东北部、常州市中部和常州市南部 4 个区域。

2. 设定管理目标

在常州市，地下水过度开采引发的主要问题是地面沉降，所以在划定管理控制水位时，以控制地面沉降为管理目标，进行管理控制水位划定工作。

3. 管理控制水位划定的步骤

寻求常州市预防地面沉降的管理控制水位，是从区域水位降落漏斗与沉降漏斗的发展角度，利用地下水位与地面沉降量历史监测资料，研究地面沉降发生发展与地下水开采、地下水位变化的内在规律及其关系，确定地面沉降显著变化时对应的临界地下水位。将该临界水位作为常州市控制地面沉降的管理水位，应包括以下划定步骤：

（1）收集资料。包括各开采含水层和弱透水层的岩性组成、厚度，年地下水的开采量、可开采量，地下水位（埋深），地下水位年均下降速率，地面沉降区面积，累计沉降量和年度沉降速率，地面沉降变化趋势情况。

（2）根据地下水监测资料和地下水开采量统计资料，分析地下水位与开采量之间的相互关系，并核定地下水开采量。

（3）利用地面沉降监测数据，分析计算地下水位（或埋深）（主要是地下水降落漏斗中心水位）与地面沉降速率之间的相互关系，或累计沉降量与深层地下水位的埋深关系。有条件的地区，应分层分析计算。

（4）应分析和绘制必要的地面沉降与地下水位、开采量等的曲线图。在已发生地面沉降地质灾害的地区，根据地面沉降和地下水监测数据，绘制地面沉降量与地下水位关系曲线，在曲线上找出地面沉降成灾临界所对应的地下水位（或埋深），在全面分析地面沉降与地下水位、地下水开采量等的基础上，确定地面沉降临界水位。

（5）分析确定地下水管理控制水位。可采用数理统计、地面沉降数值模型等方法，分析计算在约束地面沉降速率条件下的地下水临界水位（控制地面沉降引发灾害的临界水位）。

4. 临界水位的确定

临界水位是指地下水下降不引起明显地面沉降的极限地下水位，很多研究成果谈到只要开采地下水，地下水位下降后就会产生地面沉降。但从常州地区长期的地面沉降研究和该地区地下水禁止开采后的监测资料分析，地面沉降临界水位是存在的。

第 7 章

海水入侵区地下水水位控制

　　海水入侵是滨海地区由于人为超量开采地下水，引起地下水水位大幅度下降，海水与淡水之间原有的动态平衡被破坏，从而导致咸淡水界面向陆地方向推进的一种现象。海水入侵使地下水水质变咸、土壤盐渍化、机井报废，对当地的地下水资源开发利用影响很大，因此开展海水入侵区地下水控制水位划分、加强地下水管理保护工作十分有必要。

7.1　海水入侵成因机理

　　天然状态下，滨海地区含水层的咸淡水保持着相对平衡：一方面，随着地下水向海洋的排泄，造成地下水水位自陆地向海洋方向倾斜；另一方面，由于海水的密度大于淡水的密度，会造成一部分海水向陆地侵入。在正常情况下，前者大于后者，即排入海洋的淡水多于流入陆地的海水，从而保证了滨海地区的含水层不被海水咸化。在地下淡水向海洋排泄或海水向内陆侵入的过程中，两者因扩散和弥散而形成一定宽度的过渡带，在咸淡水平衡的条件下，过渡带基本稳定。当外界条件发生改变，咸淡水平衡就会遭到破坏，过渡带发生相应移动，从而出现海水入侵的现象（图 7.1）。

　　在不考虑海水回流、淡水入海等情况以及假定过渡带为一突变界面的基础上，根据咸淡水界面上任一点处淡水压强与咸水压强相平衡的原理，得到计算咸-淡水交界面的 Ghyben - Herzberg 公式，即

$$z = \frac{\rho_f}{\rho_s - \rho_f} h_f$$

式中　ρ_f、ρ_s——淡水密度和海水密度；

　　　h_f、z——离海岸某一距离处，淡水高出海面的高度和界面位于海面以下的深度，如图 7.2 所示。

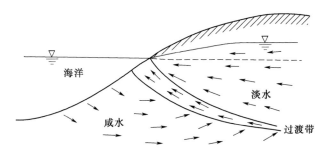

图 7.1　海水与地下淡水平衡示意图

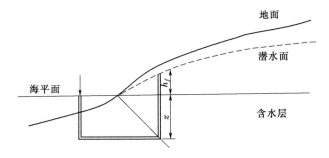

图 7.2　天然状态下海水与淡水的水静力学模型示意图

通常状况下，$\rho_s = 1.025 \text{g/cm}^3$，将其与 $\rho_f = 1.000 \text{g/cm}^3$ 代入 Ghyben - Herzberg 公式得

$$z = 40h_f$$

即在离海岸任一距离处，稳定界面在海面以下的深度为该处淡水高出海面高度的 40 倍；也就是说，海平面以上地下淡水下降 1 个单位高度，海平面以下咸淡水界面必将迅速上升 40 个单位高度。也可以这样理解：在自然和人为条件下，海平面以上淡水高度稍有降幅，海平面以下咸淡水平衡必将遭到破坏，海水及过渡带必然向陆地移动，致使原来充满淡水的含水层部分被海水填充，由此便产生了海水入侵；而当地下水位降低到海平面（$h_f = 0$）时，z 也变为 0，即咸淡水界面上升到海平面，整个地下水淡水层全部被咸化。对于渗透性极强的含水层，可利用 $z = 40h_f$ 直接进行近似计算；对于渗透性较弱的含水层，由于咸淡水界面在向淡水水体运动的过程中受到阻力，造成水头损失，致使推进速度减慢，含水层的渗透性能越差，推进速度越慢，反之亦然。因此，有些地区地下淡水水位较之天然状态稍有降幅，就发生了海水入侵；而有些地区，地下淡水水位已降到海平面以下几米、甚至几十米，也并未发生海水入侵。

海水入侵一旦发生，通常经历初始、加剧、减缓 3 个阶段，整个过程相当复杂，实质是渗流与弥散平衡的破坏和重建。当沿海地带大量开采地下水后，海水入侵的变化以人为过程为主，随着地下水的过量开采，海水入侵程度逐步加大。入侵发展的原因是入侵阻力的减弱以及动力与阻力间原有动态平衡的破坏；当淡水大量开采形成的地下水位降落漏斗边缘扩展到咸淡水分界面时，由于地下水位的下降，从而引起海水入侵内陆，为其初始阶段；随着海水入侵的发展和地下水位降落漏斗的扩展，当咸淡水分界面移动到漏斗靠海一侧的地下分水岭后，淡水向海渗流反向，由向海渗流变为向陆渗流，即淡水向漏斗中心渗流，原来海水入侵的阻力异化为动力，与咸水向陆渗流和弥散一起使分界面向陆移动，海水入侵加剧发展；在地下水集中开采中心位置不变的条件下，当咸淡水分界面越过漏斗中心线时，淡水向海渗流恢复，正向海水入侵阻力重现，并与咸水向陆渗流与弥散两个动力重新建立平衡，海水入侵逐渐减缓至终止。海水入侵发展行将终止前，集中开采带中心处已为咸水所占，采出的咸水无法利用，直接导致水源的报废；如果把水源地向陆内迁移，则上述各阶段将重新出现。

7.2　海水入侵的判定及现状

1. 海水入侵现象判定

海水入侵的判定标准主要依据地下淡水水质中矿化度的大小。从理论上讲，凡是由于海水入侵而造成地下淡水矿化度增大的地区都属于入侵区，但实际上还应有个统一的判定标准，作为测定、评价和治理海水入侵的依据。

海水入侵现象会引起咸淡水过渡带内地下水化学成分的变化，其中最为明显的是 Cl^- 含量增加。由于海水中 Cl^- 含量大大地高于地下淡水，当海水入侵发生时海水与地下水混合，会引起地下水中 Cl^- 含量升高，Cl^- 成为混合带地下水中含量最高的主要离子组分之一。此外，由于 Cl^- 在地下水矿化度较低时不容易形成盐类沉淀，而且其监测方法简单，因此国际、国内通常都以地下水中 Cl^- 含量达到某临界值作为判定海水入侵的标准，表 7.1 中给出国内外有关海水入侵的判定标准。

表 7.1　　　　　　　　　　国内外海水入侵判定标准

学　者	研　究　对　象	Cl^-/(mg/L)
Winner	美国北卡罗来纳州东部滨海平原	250
薛禹群等	山东省莱州至龙口一带	200
高秉伦等	青岛市白沙河至城阳河一带	300
生活饮用水卫生标准（GB 5749—2006）*		250
农田灌溉水质标准（GB 5084—2005）*		350

* 允许使用的水质标准上限值。

总体来看，目前关于海水入侵判定标准中的 Cl^- 含量大小主要是根据生活饮用水的允许值或容忍值以及农业灌溉用水的标准来确定的。实践证明，地下水中 Cl^- 含量过高会对人体和农作物产生不良影响，因此国内外通常对水体中 Cl^- 含量的上限作出限定。对于农业灌溉用水的 Cl^- 含量上限值，美国设定为 $142\sim355mg/L$，日本设定为 $250mg/L$，联合国设定为 $46.5\sim381.6mg/L$，世界卫生组织设定为 $350mg/L$。我国《农田灌溉水质标准》（GB 5084—1992）规定灌溉水中氯化物浓度不超过 $250mg/L$，修订后的《农田灌溉水质标准》（GB 5084—2005）规定将氯化物浓度提高到 $350mg/L$。而对于生活饮用水则标准更严格，《生活饮用水卫生标准》（GB 5749—2006）规定饮用水中 Cl^- 含量不超过 $250mg/L$。

2. 海水入侵现状

海水入侵作为滨海地区地下水不合理开发带来的特殊环境问题，在国内外普遍存在。目前全世界已有 50 多个国家和地区的几百个地段发现了海水入侵，主要分布于社会经济发达的滨海平原、河口三角洲平原及海岛地区。例如，在欧洲主要分布在意大利的塔兰托湾沿岸，西班牙及英国南部沿海地带，比利时、荷兰、德国以及苏联的波罗的海、黑海、亚速海、里海沿岸；在非洲主要分布在尼罗河三角洲、尼日尔河三角洲等地区；在美洲东海岸主要分布在美国的康涅狄格州、纽约长岛、新泽西州、佛罗里达州的迈阿密、得克萨斯州以及墨西哥、巴巴多斯等地，在美洲西海岸主要分布在美国的加利福尼亚州；在大洋洲分布在美国的檀香山、澳大利亚等地；在亚洲分布在越南的红河三角洲和湄公河三角洲，日本的许多河流入海口，如钏路、八户、富士、磐田、滨松、德岛地区，俄罗斯的堪察加半岛及以色列的雅法等地。

我国海岸线长达 18000 多 km，是全球海岸线最长的国家之一。沿海地区交通便利，人口稠密，全国 70% 以上的大中城市和 55% 以上的国民生产总值集中在这里，是我国社会经济最发达的地区。近年来，随着我国沿海地区社会经济建设的快速发展和城市化进程不断加快，人类对自然界的干扰强度大大增加，对淡水资源、特别是地下淡水的开采强度不断加强，若开采量过大或井孔布置不合理，则会引起海水入侵现象。据调查，自 20 世纪 80 年代以来，我国渤海、黄海沿岸不少地带，由于地下水的过量开采，不同程度地出现海水入侵加剧现象。沿海岸线自北向南依次有辽宁大连、瓦房店、庄河等地；河北秦皇岛的北戴河、洋河及戴河地区；山东莱州湾的寿光、莱州、龙口，胶东半岛的牟平、崂山等地区；江苏苏北里下河地区；华南沿海及海岛也发现了海水入侵的苗头，如广西北海及涠洲岛等。

7.3 海水入侵区地下水合理水位的划定

地下水合理水位，是指当实际水位达到该值时表明地下水系统状态良好，合理开发利用不会引发次生环境与地质问题。合理水位的划定可采取如下步骤：

（1）对研究区的水文地质条件、地下水开采规模及其引发的环境地质问题进行调研分析，识别出由于地下水开采带来的各种问题及其制约因素；

（2）针对影响显著的制约因素，构建其与地下水开采量、水位变幅等参数的函数关系；

（3）通过数学模型进行模拟计算，求出诱发环境地质问题时的地下水开采规模临界值，再通过换算求出对应的合理水位值。实践证明，通过限制开采规模、合理控制地下水水位能起到防止海水入侵的效果，因此在海水入侵区划定基于海水入侵防控目标的地下水控制水位是很有必要的。其中地下水开采量阈值，可结合该区的水文地质条件、地下水开采规模、水资源实际状况等，采用人工神经网络方法进行模拟计算。

人工神经网络是由大量神经元依一定结构互连而成，用以完成不同智能信息处理任务的一种大规模非线性自适应动力系统。它依靠神经元之间丰富的联系和整个网络的平行计算，用简单的非线性函数复合极复杂的非线性函数，从而可表征复杂的物理现象，并完成输入和输出之间的映射关系，如图 7.3 所示。一个神经网络模型通常具有 3 个方面的特征：一是网的拓扑学特征，包括模型中所包含的神经元（结点）的个数和排列形式、各神经元的作用及其相互联结方式和强弱（一般用权值表示其联系的强弱）；二是结点的特征，包括其非线性特性和阈值，可选用适当的神经元模型来描述；三是学习法则，它是人工神经网络模型计算实现的关键。

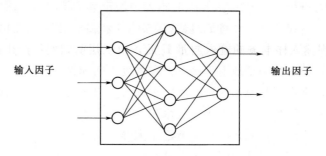

输入因子   输出因子

图 7.3 人工神经网络结构图

BP（back propagation）网络模型是人工神经网络模型的一种，它是一种多层前馈网络，是在具有非线性传递函数神经元构成的前馈网络中采用的误差反传算法作为其学习算法的前馈网络。BP 网络模型通常由输入层、输出层和若干个隐含层构成，层与层之间的神经元采用全互联的连接方式，每层内的神经元之间没有连接。下面以只含有一个隐含层的三层前馈网络为例，说明 BP 网络模型的原理。设输入层、隐含层和输出层神经元节点数分别为 N_1、N_2 和 N_3，隐含层和输出层的神经元的传递函数为 Sigmoid 函数，即

$$f(x) = \frac{1}{1+e^{-x}}$$

假如有 P 对训练样本 （I_p，T_p，$p=1, 2, \cdots, P$)，其中 $I_p \in R^{N_1}$ 为第 p 个训练样本的输入，$T_p \in R^{N_3}$ 为第 p 个训练样本的期望输出，那么输入信号由输入层向输出层正向传播的过程可用以下公式来表示，即

$$net_i^I = I_{pi} \tag{7.1}$$

$$Q_{pi}^I = net_i^I = I_{pi} \tag{7.2}$$

$$net_j^H = \sum_{i=1}^{N_1} W_{ji}^F O_{pi}^I - \theta_j^H \tag{7.3}$$

$$O_{pj}^H = f(net_j^H) \tag{7.4}$$

$$net_k^O = \sum_{j=1}^{N_2} W_{kj}^S O_{pj}^H - \theta_k^O \tag{7.5}$$

$$O_{pk}^O = f(net_k^O) \tag{7.6}$$

其中　　　　　$i=1, 2, \cdots, N_1$；$j=1, 2, \cdots, N_2$；$k=1, 2, \cdots, N_3$

式中　net_i^I、net_j^H、net_k^O——输入层中某一节点 i、隐含层中某一节点 j 和输出层中某一节点 k 的净输入；

　　　W_{ji}^F、W_{kj}^S——隐含层中节点 j 和输入层中节点 i 以及输出层中节点 k 和隐含层中节点 j 之间的连接权；

　　　θ_j^H、θ_k^O——隐含层中节点 j、输出层中节点 k 的阈值；

　　　O_{pi}^I、O_{pj}^H、O_{pk}^O——前馈网络在输入第 p 个训练样本时，由输入层节点 i、隐含层节点 j 和输出层节点 k 产生的输出。

显然，在输入样本 p 的输入向量 I_p 后，由三层前馈网络产生的网络输出向量 O_{pk}^O（$k=1, 2, \cdots, N_3$）与样本 p 的期望输出 T_{pk}（$k=1, 2, \cdots, N_3$）是很可能有差距的，因为参数 W_{ji}^F、W_{kj}^S、θ_j^H、θ_k^O 稍有不同，O_{pk}^O 就不同，为此定义误差函数为

$$E = \sum_{p=1}^{P} E_p = \frac{1}{2} \sum_{p=1}^{P} \sum_{k=1}^{N_3} (T_{pk} - O_{pk}^O)^2 \tag{7.7}$$

在网络结构确定的情况下，上式中误差函数 E 是以连接权 W_{ji}^F、W_{kj}^S 和阈值 θ_j^H、θ_k^O 为主要变量的函数，也称为能量函数。我们希望误差函数达到最小值，

将式（7.3）～式（7.6）代入式（7.7）可知误差函数的优化问题是一个无约束非线性优化问题。由梯度下降法寻优时，可以得到权重和阈值的迭代公式，即

$$\Delta W_{xy}(n+1) = \eta \sum_p \delta_{px} O_{py} + \alpha \Delta W_{xy}(n) \qquad (7.8)$$

$$\Delta \theta_x(n+1) = -\eta \sum_p \delta_{px} + \alpha \Delta \theta_x(n) \qquad (7.9)$$

其中

$$\Delta W_{xy}(n+1) = W_{xy}(n+1) - W_{xy}(n)$$

$$\Delta \theta_{xy}(n+1) = \theta_{xy}(n+1) - \theta_{xy}(n)$$

式中　η——学习因子；

　　　α——动量因子；

$W_{xy}(n)$——前馈网络中任意相邻两层中两节点 x、y 之间的连接权在第 n 次的迭代值，它可表示 $W_{ji}^F(n)$ 或 $W_{kj}^S(n)$；同理 $\theta_x(n)$ 表示隐含层或输出层中某节点 x 的阈值在第 n 次的迭代值，它可表示 $\theta_j^H(n)$ 或 $\theta_k^O(n)$。对于输出层某节点 x 有

$$\delta_{px} = (T_{px} - O_{px}^O) O_{px}^O (1 - O_{px}^O) \qquad (7.10)$$

而对于隐含层某节点 x，有

$$\delta_{px} = O_{px}^H (1 - O_{px}^H) \sum_{x'} \delta_{px'} W_{x'x} \qquad (7.11)$$

式中　节点 x'——比节点 x 高一层的某节点。

　　不难看出，网络模型中权重向量和阈值向量的修正过程是沿着输出层到隐含层再向输入层方向进行的。如果认为式（7.3）～式（7.6）是信息的正向传播过程，那么网络中权重向量和阈值向量的修正过程式（7.8）～式（7.11）则是误差的反向传播过程。

　　根据以往的一些研究发现，海水入侵区地下水中 Cl^- 浓度和海水入侵面积明显受控于当地的地下水开采量和降水量，它们之间存在着比较复杂的非线性关系。为了定量描述它们之间的相互关系，根据已有资料及海水入侵情况，建立反映海水入侵动态变化的人工神经网络模型。该模型通常选择地下水开采量和降水量为 BP 网络模型的输入单元；地下水中 Cl^- 浓度和海水入侵面积作为模型的输出单元；中间隐含层单元数则由计算时网络模型的误差下降情况确定。在该方法中海水入侵面积、地下水开采量及降水量均针对研究区整体而言，地下水 Cl^- 浓度采用研究区的平均值，但在资料相对较少的情况下，可取用几个有代表性的监测站的平均值，或选用某一具有代表性的监测站的资料。

　　在建立了地下水开采量与 Cl^- 浓度之间定量关系的基础上，再根据发生海水入侵时的 Cl^- 浓度判定标准来推求地下水开采量阈值。对于已发生海水入侵

且程度不太严重的地区，Cl⁻浓度判定标准可小于等于未发生海水入侵时的背景值；对于海水入侵严重的地区，应根据研究区的具体情况，首先确定符合实际的保护目标，据此给出合理的地下水开采量阈值。当获得研究区地下水开采量阈值时，再根据由监测数据和历史资料推求的地下水开采量与地下水水位之间的定量关系式，来计算海水入侵区地下水合理水位（即不突破开采量阈值下的地下水水位）。此外，由于受降水、潮汐等因素变化的影响，合理水位通常应该是一个区间值，而不是某个固定值。

7.4　基于水资源配置的地下水控制水位划定

海水入侵区地下水控制水位的划定，是根据海水入侵区地下水开发利用现状、未来社会经济发展的用水需求以及地下水系统涵养保护需要，而划定的在不同水平年情景下、不同管理阶段目标下具有强制性效果的地下水水位阈值。控制水位应具有以下内涵：一是为了实现地下水管理目标而设定的水位阈值，能反映出水行政主管部门在不同时期的管理理念、目标和偏好；二是动态的管理过程，由于地下水水位受补给和排泄条件的影响，在年内或年际间是不断变化的，因此该指标应该是由一组或多组地下水水位所构成的阈值区间。

为了使地下水控制水位更具可操作性，本小节提出采用"警戒—警示—安全"三级划定模式：

（1）警戒水位，是指在某一管理阶段内，地下水开发利用不能突破的临界限值。当地下水实际水位低于或接近该水位时，应停止审批新增地下水取水项目，并采取措施减小现有地下水开发利用的规模。

（2）警示水位，是位于警戒水位和安全水位之间，用于警示有关部门控制地下水开采规模的水位预警值。当地下水实际水位到达该水位时，应对地下水取水工程取水活动进行限制或者停止开采，控制地下水水位不再下降。

（3）安全水位，是地下水开发利用的相对安全值。当地下水实际水位在安全水位和警示水位之间时，可以维持正常的地下水开发利用活动。地下水控制水位受到过程管理的限制，划定标准在不同时期可能呈现阶段性的变化规律。为此，可针对不同管理阶段，设定相应的控制水位目标值。而通过管理调控后的最终水位目标值，应是通过地下水管理和保护工作的开展而达到的理想水位调控区间，该值理论上接近于上文提出的地下水合理水位。各类地下水控制水位之间的关系如图7.4所示。

针对地下水控制水位划定工作，可基于区域水资源配置原理和合理水位控制目标，通过如下步骤来获取：

（1）结合研究区地下水补径排关系和水文地质条件，选取相关方法计算出

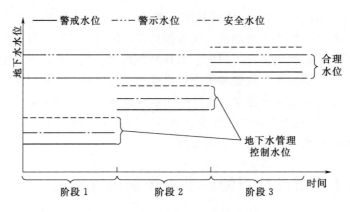

图 7.4　地下水控制水位概念图

地下水合理水位值。

（2）根据研究区一定的来水条件，利用水量平衡方程、水资源供需预测等方法计算不同水平年的地下水开采量值，并设计不同阶段的取用水方案。

（3）结合研究区地下水开发利用状况和地下水水位-水量关系，换算出不同阶段的地下水控制水位值。

（4）将最终阶段的目标水位值与合理水位值进行比较，若趋近程度较好，则按该方案进行水位控制；否则，需要依据水资源配置模型，通过调整取用水方式、调用非常规水源等方式对原方案进行调整，直至实现目标水位值与合理水位值趋近，则在新方案下不同阶段的地下水水位值就是地下水控制水位。

1. 警戒水位的划定

地下水控制水位值是在警戒水位与安全水位之间、由一组水位所构成的调控阈值区间，其中警示水位和安全水位可依据警戒水位并按照一定的原则来进行划定。因此，首先要划定警戒水位。警戒水位的求解思路为：

（1）根据研究区的历史资料和规划目标，计算出按照当前发展趋势下不同规划水平年的地下水开采规模。

（2）利用研究区地下水水位监测数据和开采量历史资料，应用统计学方法建立能描述两者定量关系的数学关系式，并进行地下水开采量与水位之间的量值换算。

（3）将预测的远期规划水平年（在此取 2030 年）地下水水位值与由人工神经网络方法得到的地下水合理水位进行比较，若两者量值趋近程度较好，则此次水资源配置合理，可按照该情景下不同阶段的水位预测值进行水位调控；若两者量值差距较大，则此次水资源配置结果不符合调控要求，需要进一步通过采取相应的措施（水资源配置模型）来重新设计调整不同规划水平年的地下水控制水位目标值，直到远期规划水平年的水位预测值与合理水位数值基本接近。此时，由方案给出的不同阶段地下水水位预测值即是满足需求的警戒水位。

2. 警示水位与安全水位的划定

警示水位与安全水位的划定主要依据警戒水位，但两者的划定标准并不具有警戒水位指标的严格性，故不要求获取严格控制的临界值。警示水位的划定是为地下水管理考核提供一定的预留空间，以促进管理部门及时采取相关措施，约束地下水开发利用行为，防止海水入侵问题进一步朝恶性方向发展。为此，取警戒水位所对应地下水开采量的90%，再通过地下水水位-水量关系换算出的地下水水位值即为警示水位值。安全水位的划定是为了明确一个地下水资源合理开发利用的阈值，处在该值以内表明还有较大可开发利用的空间，可继续维持现有开发规模，以更好地服务于经济社会发展。为此，取警戒水位所对应的地下水开采量的70%，通过转换后得到的地下水水位值作为安全水位值。

3. 水资源配置模型

水资源配置模型是协调处理社会经济发展与生态环境保护、水资源开发利用之间的关系和矛盾的关键手段。在合理开发利用地下水资源的这一重要约束下，以满足供需、防止其他地质水文灾害发生的地下水开采量最小作为水资源调控的总体目标，由此构建目标函数：

$$\min W_g(x) = \sum_{j=1}^{m} \sum_{i=1}^{n} C(j,i)Q(j,i) \tag{7.12}$$

式中　　j——开采点；

　　　　i——开采时段；

$C(j,i)$——各开采井在各开采时段的开采天数；

$Q(j,i)$——各开采井在各开采时段的开采量。

约束条件如下：

（1）取用水控制约束。依据研究区多年地下水实际开采量及相应站点的地下水位变化趋势可确定地下水开采量阈值、地下水位（或地下水埋深）阈值。对于整个区域来说，水位降深阈值只是一个参考值，可以不考虑该约束；而当研究区域位于地下水降落漏斗区附近时，则必须要考虑该约束。即

$$W_g(x) \leqslant W_{GT} \tag{7.13}$$

$$H_g(x) \leqslant H_{GT} \tag{7.14}$$

式中　$W_g(x)$——地下水开采量；

　　　W_{GT}——地下水开采量阈值，$W_{GT} = \min(W_{GL}, W_{GA})$，其中 W_{GL} 为引起海水入侵的地下水开采量临界值，W_{GA} 为地下水可开采量；

$H_g(x)$ ——地下水位；

H_{GT} ——地下水位阈值。

（2）开采能力限制。考虑地下水开采量不应超过其可开采量，各开采井抽水设备能力不能超过其限定抽水量。即

$$Q(j,i) \leqslant q(j) \tag{7.15}$$

式中　$Q(j,i)$ ——地下水可开采量；

q ——抽水设备的限定抽水量。

（3）可供水量约束。考虑到社会、经济和环境的可持续发展，水源供水量应大于用户需水量，但不超过其可利用的水资源总量。即

$$\sum \left[W_{sur} + W_g + W_r + W_w + W_{sea} + W_b \geqslant \sum (D_{ind} + D_{dom} + D_{agr} + D_{env}) \right] \tag{7.16}$$

$$\sum W_c \leqslant \sum D_{CA} \tag{7.17}$$

式中　W_{sur}、W_g、W_r、W_w、W_{sea}、W_b ——地表水供水量、地下水供水量、雨水利用量、污水回用量、海水利用量和微咸水利用量；

D_{ind}、D_{dom}、D_{agr}、D_{env} ——工业需水量、生活需水量、农业需水量和生态需水量；

W_C、D_{CA} ——某一水源的供水量和可供水量。

（4）用水效率约束。在规划水平年，工业需水定额、农业需水定额以及国民经济整体需水定额都应小于设计的用水效率指标。鉴于未来时期以尽可能地满足生活水平不断提高的物质需求，故未对生活需水定额作出限制，则用水效率指标如下：

$$D_I \leqslant D_{ID} \tag{7.18}$$

$$D_A \leqslant D_{AD} \tag{7.19}$$

$$D_E \leqslant D_{ED} \tag{7.20}$$

式中　D_I、D_A、D_E ——规划水平年的工业、农业以及国民经济整体需水定额；

D_{ID}、D_{AD}、D_{ED} ——按照最严格水资源管理指导思想设计的工业、农业以及国民经济用水效率约束。

（5）非负约束。模型要满足决策变量非负约束。

$$x_{ij} \geqslant 0 \tag{7.21}$$

第8章

城市及重大工程沿线地下水水位控制

8.1 城市地下水控制水位划定

1. 城市地下水水位控制的背景

我国是一个水资源相对紧缺的国家，一直以来地下水都是工农业生产和生活用水的重要水源。科学、有序地开发利用地下水资源，对保障人民群众生活、促进经济和社会发展、维系区域生态环境等具有极其重要的作用。由于城市地下水开采历史较长，部分区域超采量较大，地下水位恢复缓慢；加之部分新兴城镇及工业区用水量增大，对地下水依赖程度增强，新的地下水超采及生态环境问题凸显。

由于地下水的超采，导致地下水位持续下降，形成地下水降落漏斗、地面沉降、水质恶化、泉水断流等一系列环境问题和生态问题。为了改善生态环境和解决地下水位持续下降的问题，各城市陆续开展地下水水位控制工作，如山西省将地下水资源的保护和合理利用纳入经济社会发展考核评价指标体系；邯郸市开展落实地下水严格管理实施方案，提出了实施地下水资源严格管理的主要措施，以及地下水的管理方式；山东省开展水源地地下水管理水位划定工作，并将区域地下水采补平衡纳入考核。

2. 水位控制的原则

水资源的开发、利用、配置和保护，应该以社会、经济和环境系统为依托，用系统的概念，以公平、高效和可持续性为原则进行水量分配。城市地下水水位控制的原则如下：

（1）采补平衡原则。正确处理地下水资源开发利用与生态环境保护的关系，加强地下水开采控制，遏制地下水超采，促进地下水采补平衡，保障供水安全和生态环境安全。

（2）优先保障城乡居民生活用水，预留部分生态环境用水原则。

（3）各用水部门按重要性优先次序分配原则。

（4）积极建设节水型社会原则等。

3. 水位控制的目标

城市地下水水位控制的目标为：围绕最严格水资源管理制度的要求，开展了地下水水位控制研究，如地下水水位预警管理、地下水水位变动幅度考核、超采区划定及保护等，最终实现地下水采补平衡，涵养恢复水源，促进地下水位止降回升，保障供水安全和生态环境安全。

4. 控制水位定义及分类

控制水位是在地下水合理水位划定的基础上，综合考虑地下水管理的实际需求和现实可能，划定地下水管理控制水位。目前，地下水水位预警管理、地下水水位变动幅度考核、超采区划定及保护等地下水控制水位研究工作已经开展，基于前期的研究工作，提出了基于地下水水位管理目标确定的地下水管理控制水位。控制水位的分类见表 8.1。

表 8.1　　　　　　　　　　　控制水位的分类

水位类别		涵　义	指　标	方　法	备注
基准水位/警戒水位	基准水位	指地下水在开采过程中维持地下水均衡、生态环境不遭受破坏的最低水位	含水层厚度	含水层厚度法、数值模拟法、类比法	地下水水源地
	警戒水位	保证不同供水目标对应的水位线	保障 1 月、2 月、3 月供水的水位	疏干体积法、类比法	
控制红线水位	限采水位埋深（黄线水位）	在地下水水位达到红线水位前，设置限采水位埋深对地下水水位进行预警	地下水可开采量计算时对应的控制水位埋深	疏干体积法	地面沉降
	禁采水位埋深（红线水位）	禁采水位埋深的划分主要是防止地下水疏干开采，避免水源枯竭，保护地质环境	四种推求方法中的最低水位	相关分析法、沉降模型计算、类比分析法、定性分析法	
地下水管理控制水位		指依据管理目标或阶段性目标，结合本区地下水开发利用现状和现状水位设定的控制水位	多年年平均含水层变动率 R%；采补平衡	$Q-S$ 曲线法、含水层厚度比例法	
考核水位		考核年与上年同期地下水位升降的幅度	各监测点水位变化值的算术平均值	在考核时在有超采区和没有超采区的行政单元内采用不同标准进行的评分	便于考核

5. 城市水位控制过程中出现的新问题

在我国北方地区，一直以来水资源比较匮乏，地下水长久作为一种工农业主要水源被大量开采，导致区域地下水位逐年下降形成超采。所以在这些地区勘察和设计过程中常常忽视了建筑物在使用过程中地下水水位上升对其影响的应对措施。而开展地下水水位控制工作以来，尤其是在城市地下水超采区治理工程中，在对地下水进行了限制或禁止开采时，同时对深浅层地下水进行限制或禁止开采，导致浅层地下水水位的不断上升。随着这项工作的开展，特别是浅层地下水水位持续上升，如果地下水水位不断上升进而接近建筑物基础底面，会导致基础底面附近的岩土软化、强度降低、压缩性增大、自重应力增大等问题，进而引起基础的附加沉降及不均匀沉降等，最终会导致建筑物变形、沉降或上浮等破坏。特别是在地震等突发或外力作用情况下，建筑物安全面临着新的隐患，这就要求在城市地下水位控制时同时考虑地下水的上限水位。

8.2　高铁工程沿线地下水控制水位划定

1. 水位控制的背景

长期抽取浅层地下水引起地面沉降影响的范围虽小，但也会对高速铁路工程有影响。若在桥梁连续梁范围内有浅层井长期抽取浅层地下水，就会在连续梁上出现沉降拐点，将导致结构破坏，危及线路安全。虽然降低地下水位引起的沉降不会导致路基结构、桥梁简支梁结构的破坏，但是长期降水引起的最终沉降将使线路坡度发生变化，导致线路坡度超限，影响线路平顺性的要求。即使可以采取调高量较大的扣件系统、选择可修复性较强的轨道结构等措施进行解决小范围的不均匀沉降，但是为保证结构安全和线路的平顺性要求，必须限制在线路两侧一定范围内长期抽取浅层地下水。

2. 保护区划定的方法

省级人民政府水行政主管部门根据地下水资源持续利用要求，组织高铁沿线地区市、县人民政府水行政主管部门以及铁道部相关部门划定地下水开采区域的控制水位，对本行政区域地下水开发实施水位控制管理。在高铁沿线区域，合理限制和调整地下水开采，垂直于铁路线划定保护区，不同的保护区采取不同的地下水禁采、限制和控制开采方案，划分一级保护区（禁采区）、二级保护区（限采区）和三级保护区（控采区）。二级保护区（限采区）内地下水开采的影响半径在一级保护区（禁采区）的边界上。

3. 保护区划定的原则

（1）针对性。针对高速铁路的工程特征、铁路所在地区的地面沉降和地下水开发利用情况进行深入分析，并抓住危害高速铁路安全的主要因素，从地下水管理的角度提出有针对性的防治措施。

（2）政策性。根据高速铁路安全的要求，结合国家与地方颁布的有关方针、政策、标准、规范以及规划，提出切合实际的地下水控制开采的对策与措施，使其达到必须执行的"规定"标准。

（3）科学性。从地下水开采，地面沉降现状调查，监测和评估，地面沉降预测，地面沉降对高铁的影响，保护区的划定，地下水开采量与影响范围的确定方法，地下水开采对地面沉降影响预测评价方法等方面都应严守科学的态度，要有科学的依据，认真完成各项工作。

（4）公正性。对于保护区划定的每一项工作都要做到准确和公正，不能受外在因素影响而带有主观倾向性。

4. 保护区划定的技术要求

根据已有的研究成果、《中华人民共和国铁路法》及《铁路运输安全保护条例》（国务院令第 430 号）的相关规定，划定一级保护区（禁采区）、二级保护区（限采区）和三级保护区（控采区）。可以参考目前铁路线路安全保护区划定的方法，同时也需要根据高铁沿线地区水文地质条件、开采量以及地下水开发利用状况综合确定。

8.3　地铁工程沿线地下水控制水位的划定

1. 水位控制的背景

随着我国大中型城市地面交通日趋饱和，大力发展地下交通即地铁成为各级政府优先考虑的发展方向，为保证地铁工程地下施工的安全，不可避免地需要进行大规模施工降水，其日均抽排水量往往达十多万立方米或降水总量达到数千万立方米。

地下水资源是我国可持续利用水资源的重要组成部分，尤其是在我国北方缺水地区，地下水往往是当地唯一的供水水源，由于大量的基坑降水工程抽排地下水进一步导致地下水位持续下降，在一定程度上影响了当地供水安全和居民的正常生产和生活，加剧了大中城市地下水超采的程度。

长期以来，建设工程基坑降水处于"三不管"状态，建筑基坑降水抽排地下水已成为落实最严格水资源管理中不可忽视的问题，大多数地方在基坑降水方面没有出台相关管理办法，只有个别缺水大城市，如北京、武汉、安阳、天津、深圳等城市的建设、国土或水利等主管部门从不同管理需求（如城市排水、控制地面沉降、水资源管理等）出台了相应的管理办法，但实际执行中存在未批先建、缺少监管等诸多问题。

2. 水位控制的原则

为加强基坑降水的管理,一些大城市出台了相应的基坑降水管理办法,原则上限制施工降水。疏干排水或者施工降水总体应遵循保护优先、合理抽取、有偿使用、综合利用的原则。

《北京市建筑工程施工降水管理办法》(京建科〔2007〕1158 号)和《北京市建筑工程施工降水管理办法实施细则》规定:"因地下结构、地层及地下水、施工条件和技术原因,使得采用帷幕隔水方法很难实施或者虽能实施,但增加的工程投资明显不合理,施工降水方案经专家评审并通过后,可以采用管井、井点等方法进行施工降水""施工单位应当安装抽排水计量设施,并按照有关规定缴费""实施现场应综合利用工地抽排的全部地下水,应优先用于工地钢筋混凝土的养护、降尘、冲厕、工地车辆洗刷等方面,剩余部分施工单位应主动与园林、环卫部门和居民社区联系,将其用于周边指定绿地、景观及环境卫生"。

《武汉市疏干排水施工降水管理办法(试行)》提出"施工降水应遵循保护优先、合理抽取、有偿使用、综合利用的原则",其规定:"建设单位作为疏干排水或者施工降水工程的责任人,应当择优选择具备相应资质和能力的单位开展项目勘察、设计,编制建设项目水资源论证报告书。并到市水行政主管部门申请领取取水许可证,并缴纳水资源费""市、区水行政主管部门应当加强对建设项目疏干排水或者施工降水的指导服务和监督管理,指导建设单位科学利用地下水,避免浪费和污染地下水。"

3. 水位控制的目的

基坑降水是为地下工程施工安全而进行的临时性取(排)水,地下水是作为一种可能致灾的因素需要排除;而一般的地下水取水项目,地下水是一种可以利用的有益资源,需要加以开发利用。

虽然建设部在《建筑与市政降水工程技术规范》(JGJT 111—98)中规定,建设工程基坑降水抽出的地下水应回灌到地下,但由于市场环节缺乏执法监督,企业不愿增加成本,绝大多数降水工程抽取的地下水均排入污水或雨水管道。

地铁工程沿线地下水水位控制的目的:保证工程施工安全的同时,最大程度地保护地下水资源,如保障城市供水、控制地面沉降及避免污染地下水水质等。

4. 水位控制的措施

目前,针对施工降水管理我国没有出台统一的法规、条例或部门规章,只有个别省(直辖市)水行政主管部门或建设主管部门单独或联合出台了行业性管理文件。

根据目前各省（直辖市）对于基坑降水管理现状的调研和总结，各地的管理由于发布的部门和目的不同，侧重点也不同，主要包括以下几个方面：

（1）进行水资源论证，纳入取水许可管理，收取水资源费，由地方水行政主管部门主导，以武汉市为代表，在《武汉市水资源保护条例》的基础上，武汉市水务局发布了《武汉市疏干排水施工降水管理办法（试行）》（武水规〔2012〕2 号）。

（2）限制施工降水，申领城市排水许可证，按规定缴费，由建设主管部门和水行政主管部门主导，以北京市为代表，2007 年 11 月北京市建设委员会和北京市水务局联合发布《北京市建设工程施工降水管理办法》（京建科教〔2007〕第 1158 号）。

（3）缴纳水资源费，实行备案制或办理临时手续，以安阳市为代表，《安阳市建设工程施工降水管理暂行办法》（安水令备字〔2014〕1 号，未发布）。

（4）无管理措施或临时性处理，由于缺少法律、法规的明确规定，且全国无统一性的规章、制度或文件支撑，加之基坑降水属于建设工程的一部分临时工程，一直属于建设主管部门进行管理，全国大部分地区水行政主管部门对基坑降水对地下水环境的重要影响还不够重视，还停留在应急管理或突发性管理层面上，也就是一般情况下不过问、不了解、不掌握，接到居民投诉后才被动出面应付，如云南的昆明市、玉溪市等市。

第9章

典型案例

9.1　超采区案例

本次一般超采区地下水位控制案例选择了玉门市花海灌区。玉门市花海灌区为灌区灌溉用水引起的地下水超采，可供灌区等行业用水大户地下水管理控制水位划定时参考。

玉门，因拥有中国第一个石油基地而闻名遐迩，被誉为中国石油工业的摇篮。1955 年，在油矿区成立玉门市；1961 年隶属酒泉专署管辖；2002 年被国务院确定为省辖市，由酒泉市代管。玉门市辖新、老 2 个市区和 4 个镇 6 个乡，面积为 1.35 万 km²。2009 年全市总人口 18.2 万人，有汉族、蒙古族、东乡族、回族、藏族等 32 个民族。玉门市地处河西走廊西段，疏勒河流域中游。东临金塔县和嘉峪关市、西接瓜州县、南抵祁连山与肃北蒙古族自治县和张掖市肃南裕固族自治县接壤，北依马宗山与肃北蒙古族自治县毗邻。地理坐标为东经 $96°15'\sim$ $98°30'$、北纬 $39°40'\sim41°00'$，东西长 11km，南北宽 112.5km，总面积为 13500km²。玉门市地势南高北低，可分为山地和平原两大地貌单元。山地之间为山间盆地平原，地势微向北倾，由砾石平原、细土平原、河谷平原和风积沙地组成。整个玉门市构成了山地与盆地相间的地貌景观。玉门市地下水类型有碎屑岩类孔隙-裂隙水、基岩裂隙水和松散岩类孔隙水 3 大类型。玉门市镜内的疏勒河、小昌马河、石油河和白杨河 4 条河流，均发源于祁连山。

玉门市平原地区有昌马盆地、赤金盆地、玉门盆地、花海盆地 4 个山间盆地，在其间包含昌马和花海灌区两个灌区。在行政分区上，昌马灌区一部分在玉门市，而另一部分隶属于瓜州县；花海灌区完全属于玉门市，位于花海盆地内，花海盆地也完全隶属于玉门市。花海灌区经赤金峡水库调节，经疏花干渠引用疏勒河河水作为灌区灌溉用水，引水几乎完全消耗于灌区灌溉，没有农业灌溉退水排出，为完整灌区。综上所述，在玉门市选择位于花海盆地的花海灌区作为典型地区，划定地下水管理控制水位。

9.1.1　典型区概况

1. 地理位置

花海灌区位于疏勒河下游、玉门市老市区以北 75km、花海盆地西南角、石油河洪积扇外缘的细土平原上，距上游赤金峡水库 40km，灌区中心位于东经 97°44′，北纬 41°18′，南靠宽滩山北麓戈壁，北靠马鬃山前戈壁，西接昌马灌区青山农场，东与金塔县接壤，据调查，2012 年灌溉面积为 17.43 万亩❶。

2. 自然概况

花海灌区深居亚欧大陆腹地，远离海洋，区内冬冷夏热，四季变化明显，年降水量少，蒸发量大，日照时间长，风沙多，植被稀少，是典型的大陆荒漠性气候。终年干旱少雨或雪，风沙大，光照强，昼夜温差大，因邻近蒙古高气压中心，冬季常受北方寒流侵袭，气温较低。

根据玉门市及玉门镇气象资料，多年平均气温为 8.1℃，最高气温为38.4℃，最低气温为−27.2℃；极端最高气温为 36.7℃（出现在 1953 年 7 月7 日），极端最低气温为−28.7℃（出现在 1981 年 12 月 18 日）；多年平均降水量为 70.1mm，集中于 6—8 月 3 个月，占全年降水量的 53.9%～58.1%，其余 9 个月降水量占全年降水量的 41.9%～46.1%；年蒸发量为 2981.3mm，集中于 5—8 月 4 个月，占全年蒸发量的 52.4%～52.8%，其余 8 个月蒸发量占全年蒸发量的 47.2%～47.6%，花海灌区内蒸发量为降水量的 42 倍；多年平均相对湿度为 42%～46%；年均风速为 4.2m/s，最大风力达 9 级，无霜期133d，最大冻土深度 1.5m。区内由气候因素而引起的自然灾害经常发生，如干旱、干热风、沙尘暴等，可造成农作物及林果减产。

花海灌区区内海拔 1210～1320m 之间，南北自然坡度 1/500，东西自然坡度 1/1000。

3. 水文地质

（1）地下水类型。花海灌区分为基岩丘陵裂隙潜水区、砾石平原孔隙潜水区和细土平原孔隙潜水承压水区 3 个地质单元。基岩丘陵区，接受大气降水补给，向河（沟）谷及砾石平原区排泄，水量贫乏；砾石平原区，地下水位埋深大于 20m，含水层渗透系数 20m/d，地下水位向北东方向径流，水量丰富。上部潜水赋存于细粒的粉质壤土、粉质黏土层中，地下水位从 10m

---

❶　1 亩≈666.67m²。

的埋深到溢出地表形成沼泽，该层水接受砾石区潜水和灌溉入渗水的补给，通过蒸发排泄，下部承压水赋存于含砾中粗砂、粉细砂层中，顶板为粉质黏土，水层埋深 10～30m，主要接受砾石平原区潜水补给。花海灌区内地下水类型主要为松散岩类孔隙水，其最佳含水层段是第四系中～上更新统（Q_{2-3}）含水层。

（2）含水层特征。花海盆地为一封闭的冲湖积盆地，大致以花海镇—酒钢公司农场为界，南部为单一潜水区，北部为多层状潜水-承压水分布区（图 9.1）。水位埋深南部大于 50m，与承压水交界带 10m 左右。花海盆地是相对独立的水文地质单元，其盆地内沉积了巨厚的第四系松散堆积物，最厚可达 300m，为地下水的储存提供了良好的场所，但因受地貌及岩性变化的控制，其含水层的含水性在水平方向上变化很大，自山前洪积扇群区向细土平原区（灌区），含水层由单一潜水含水层过渡为双层及多层潜水-承压含水层岩系。由第四系松散沉积物组成的 4 个相对独立的水文地质盆地，均分布有较大厚度的孔隙含水层。受补给和赋存条件的制约，盆地内的富水性各不相同，花海盆地南部为水量丰富区（单井涌水量大于 1000～5000m³/d），花海盆地的北部边缘地带为水量贫乏区（单井涌水量小于 1000m³/d）。

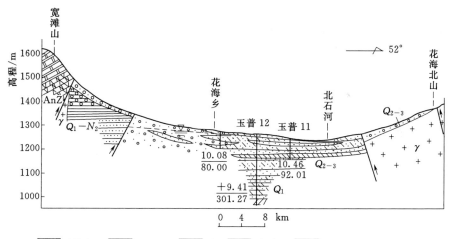

图 9.1　花海盆地水文地质剖面图

盆地地下水的天然补给来源主要是南、北山区降水形成的暂时性洪流进入盆地后在戈壁地带的大量渗漏补给，其次是玉门盆地及赤金盆地的地下径流补给。盆地北部由于地层颗粒变细及北山的阻挡，使地下水位被抬高。蒸发蒸腾是地下水唯一的天然排泄。由于该盆地为封闭式的冲湖积盆地，地下水排泄不畅，蒸发强烈，水中盐分被浓缩聚集，因此水质较差。

1) 单一潜水含水带。呈带状分布在盆地西南部，主要赋存于赤金河、白杨河等山前洪积扇中，含水层由单层的第四系中、上更新统砂砾碎石及砂组成，其颗粒由南向北，由西向东逐渐变细，且砂与土的夹层逐渐增多，但基本为单一型含水层，潜水埋深在山前一般为 20～30m，在扇缘地带一般为 15～20m，地下水水质较好，矿化度一般小于 1.0g/L，单井涌水量大于 3000m³/d（10 寸井管，降升 5m）局部地段为 1000～3000m³/d。

2) 潜水-承压水带。分布于盆地中部及北部细土平原（现灌区及拟垦区），上部潜水含水层由中～上更新统、全新统粉质壤土，含砾中粗砂及细砂层组成，因粗细颗粒地层相间沉积，且在空间上岩性变化大，形成多层含水层。潜水含水层厚度在靠近南部的金湾一带为 10～13m，中西部下回庄、破城子一带含水层厚度为 5～10m，北部大泉、小泉等地含水层厚度为 2～5m；而在北部南帅井、无量庙及刺窝湖一带仅有 2～3m，局部小于 2m。潜水埋深由西到东，由南到北均有由深变浅的规律，南部下回庄、条湖、小金湾一带潜水埋深一般大于 10m，中部平石梁、花海乡政府及花海农场一带潜水埋深一般为 5～10m，局部小于 5m，在东北部，因地势低洼平缓，含水层变薄，透水性变差，径流缓慢，潜水埋深变浅，大部分埋深在 1～3m。潜水含水层富水性较弱，单井涌水量在金湾一带为 0.495L/(s·m)，往北则单井涌水量越小。承压水含水层分布于盆地中部及北东部细土平原区，多在潜水含水层下部，其含水层岩性在水平方向上的变化与上部潜水含水层一致，即由南西到北东由砂砾、含砾砂、中细砂逐渐过渡到细砂、粉细砂。隔水层则为黏土、粉质黏土或粉质壤土等，厚 2.8～13.2m，顶板埋深 2.0～27.2m，由南向北逐渐变浅。在垂直方向上由上而下层次逐渐增多，颗粒由粗变细，隔水层厚度增大，含水层厚度变薄，由于沉积环境的交替变化，黏性土的分布在水平方向和垂直方向厚度都有较大变化，很难找到一个稳定和连续的隔水层，故承压水与潜水在区域上有着不可分割的水力联系。

承压含水层的富水性由南向北渐弱，沿赤金河洪积扇部位的破城子、条湖、金湾、小金湾一带水量丰富，单井涌水量为 1000～3000m³/d；毕家滩、大泉、小泉、南渠、花海农场到南沙窝一带，单井涌水量为 500～1000m³/d；双泉子、刺窝湖、无量庙至下东沟一带，单井涌水量为 100～500m³/d；双泉子北至北石河南岸一带，单井涌水量小于 100m³/d。

4. 水文水资源

灌区灌溉水源的来源主要有以下几种形式：

（1）石油河来水，经过沿程蒸发渗漏损失，分析 $P=50\%$ 的保证率下，经赤金峡水库拦蓄，每年最多能够提供 1400 万 m³ 的水量。

（2）灌区地下水，经过调查地下水储量约为 0.9 亿 m³，平均开采深度为 80m 左右，花海灌区地下水允许开采量为 4850 万 m³/年。

（3）引用疏勒河水，疏勒河发源于南部祁连山，属冰川融雪和大气补给型内陆河流，多年平均流量为 33.82m³/s，年径流量为 10.67 亿 m³。

根据疏勒河流域水资源综合开发利用规划中水资源分配方案，花海灌区每年从昌马水库调水 7000 万 m³。扣除疏花干渠渠道渗漏、蒸发损失 600 万 m³，真正流入赤金峡水库的水量为 6400 万 m³。因此赤金峡水库每年可向灌区输送的水量为 7800 万 m³。

在灌区用水方面，由于花海灌区的各类骨干工程均为 20 世纪 50—60 年代修建的，经长年使用，损坏严重，加之长期以来工程重使用、轻维护，灌区的渠系水利用率目前仅为 62%，灌溉水利用率为 52%。

5. 社会经济

灌区内辖有玉门市花海镇、小金湾东乡族乡、国营黄花农场花海分场、柳湖乡、独山子东乡族乡、赤金镇金峡村等乡镇农场，人口 3 万人左右。灌区内现有河灌面积 1.3 万 hm²，灌区种植一年一熟作物主要以棉花、小麦为主，兼种玉米、孜然、油料、瓜果等，粮食作物和经济作物的种植比例为 35：65，种植比例严重失调。

6. 地下水超采情况

目前，玉门市共 3 个有超采区，分别为玉门东湖浅层中型一般超采区、玉门市花海灌区浅层中型一般超采区和玉门市昌马灌区浅层中型一般超采区，面积分别为 216.94km²、623.76km² 和 442.79km²，共计超采面积 1283.49km²，详见表 9.1。其中，花海灌区的超采面积已经占花海灌区总面积的 98%。

表 9.1　　　　　　　　　玉门市超采区分布情况

地下水类型	超 采 名 称	面积/km²	分级	严重程度	超采量/万 m³
孔隙水	玉门东湖浅层中型一般超采区	216.94	中型	一般	206.2
孔隙水	玉门市花海灌区浅层中型一般超采区	623.76	中型	一般	637.1
孔隙水	玉门市昌马灌区浅层中型一般超采区	442.79	中型	一般	772

花海灌区内人口密集程度较低、水资源开发利用程度较甘肃省的石羊河流域和黑河流域偏低。在花海灌区，地下水开采总量中 70% 以上用于农业灌溉。区内节水灌溉的技术相对落后，仍采用粗放低效的大水漫灌，平均灌溉定额达 728.24m³/亩，高于河西走廊的亩均水平，同时大大高于全国平均 421m³/亩 的水平；渠系利用率在 0.45～0.55 之间，部分地区为 0.35～

0.45；每立方米水生产粮食 0.15～0.3kg，粮食耗水量为 3.2～6.8m³/kg，粮食耗水量居于河西走廊之首。加之区域内单一的农业生产方式使得区内农、林、牧产业结构不平衡，结构比例失调，降低了水资源的利用程度，导致了花海灌区的超采。

9.1.2 基础资料信息

1. 基础资料

按照《全国地下水管理控制水位划定技术要求》中对划定地下水管理控制水位地区基础资料收集整理的要求，收集到甘肃省玉门市及花海灌区区域的基本情况资料、水文地质资料、地下水开发利用资料、地下水超采区评价资料、生态环境资料等类别的资料详见表9.2。

表 9.2　　　　　　　　玉门市基础资料表

类　别		成 果 名 称	年份	完 成 单 位
水文地质及环境地质	水文地质	花海灌区水文地质勘查报告	1995	甘肃省水利水电勘测设计院
	综合研究	甘肃省安西县水资源调查评价报告	2005	甘肃省水文水资源勘测局
		甘肃省地下水超采区评价报告	2012	甘肃省水文水资源局
		灌区水文地质勘查及地下水动态预测研究报告	2004	甘肃省水利水电勘测设计院、清华大学
		甘肃省玉门市地下水资源及其开发利用规划报告	1999	甘肃省地勘局第二水文地质工程地质队
	环境影响	农业灌溉暨移民安置综合开发项目环境影响评价报告书	1994	西北勘测设计研究院
		农业灌溉暨移民安置综合开发项目环境影响评价图集	1993	
		农业灌溉暨移民安置综合开发项目水质环境影响评价书	1991	酒泉地区环境评价所
		疏勒河综合开发项目对区域生态环境影响研究	2003	中国科学院寒区旱区环境与工程研究所
		疏勒河流域水资源开发利用对农业生产的影响评价	1992	甘肃省水利水电勘测设计院
		疏勒河流域生态环境预警模型研究	1999	武汉水电力大学、甘肃省水利科学研究所
	实验场地	疏勒河项目地下水均衡试验场总结报告	2003	甘肃省水利水电勘测设计院第一分院
		盐渍土改良典型实验区水文地质勘查报告	1997	甘肃省水利水电勘测设计研究院第二总队

续表

类 别		成 果 名 称	年份	完 成 单 位
水利	综合研究	疏勒河项目水利部分初步设计报告昌马灌区	1998	甘肃水利水电勘测设计研究院
		疏勒河项目水利部分初步设计报告双塔灌区	1998	
		甘肃疏勒流域农业灌溉暨移民安置综合开发项目水利部分可行性研究	1992	甘肃省水利水电勘测设计院
		疏勒河干流灌区节水潜力及可下泄水量研究专题报告	2009	
	灌溉	疏勒河项目区灌溉面积调整汇总表	1997	
		甘肃疏勒河项目水资源供需平衡及水库优化调度研究报告	1995	

2. 地下水监测资料

按照《全国地下水管理控制水位划定技术要求》中对资料收集整理的要求，地下水监测资料主要包括地下水动态监测、地下水位历史资料以及地下水位自动监测等资料。

甘肃省玉门市的地下水监测资料主要有《省疏管局2001—2009年地下水动态监测年报》《花海灌区管理处2010年度地下水监测成果图》和《甘肃省疏勒河水资源管理局地下水监测井资料汇编》，收集了玉门市2001—2014年地下水自动监测和人工监测井地下水位资料，重点分析了花海灌区6眼监测井的资料。

9.1.3 水位划定分区

1. 分区依据

据《玉门市统计年鉴》，2014年玉门市共辖12个乡。西北地区水土资源丰富，光热资源充足，但因干旱少雨，因此没有灌溉就没有农业，水资源的时空分布格局决定了人口、城镇以及农作物的分布格局，是决定绿洲发生、分布、发展、变迁的根本原因，是维系了本周生命的命脉。而地下水位的变动，很大程度上决定了该地区植被的盛衰枯荣。在西北地区，往往无水是荒漠，有水便为绿洲。灌区一般是指在一处或几处水源取水，具备完整的输水、配水、灌水和排水工程系统，能够按照农作物的需水要求并考虑水资源和环境承载能力，提供灌溉排水服务的区域。灌区是一种人工-自然的复合型水循环系统，包含地表水、地下水和土壤水等水循环的全部要素，不断重复着以径流的人工控制和灌区-蒸散为主的水文过程。在西北地区，农业生产是以灌区的形式存在，在人工干预下形成的独立于周围生态环境的人工绿洲，拥有独立的生态系统和供水、排水管网系统。

2. 水位分区

在玉门市选择花海灌区作为西北地区代表，以灌区为基本单元，进行水位分区，应用《全国地下水管理控制水位划定技术要求》中推荐的方法，划定管理控制水位。

9.1.4 典型区管理控制水位划定

玉门市地处西北河西走廊气候干旱地区，是以农业种植为主的地区，玉门市尚未分解地下水总量分解指标，且该地区存在超采区。按照《全国地下水管理控制水位划定技术要求》中推荐的方法，对于超采的区，可以采用含水层厚度比例法推求地下水管理控制水位，对于未超采的区，采用含水层厚度比例法推求地下水管理控制水位。拟采用含水层厚度比例法和数值模拟法推求花海灌区地下水管理控制水位。

1. 设定管理目标

在设定地下水管理控制目标时，既要考到社会进步、消除贫困、促进发展，还要考虑到当地环境保护和生态健康。水资源作为当地经济发展的重要载体，直接决定着该地区的农业灌溉规模和社会经济收入，同时，水资源作为西北地区重要的生态因子，也同样决定着该地区的自然植被和生态格局，即无水是沙漠，有水便为绿洲。所以在设定地下水管理控制目标时，既要强调粮食安全与发展农村经济，又要强调保护资源环境，实现生产、经济和生态的协调统一。

西北内陆地区干旱少雨，灌区形成并稳定的前提是水资源的稳定。由于干旱区降雨稀少，时空分布又十分不均，天然降雨只能支撑极其稀疏的植被生长，形成荒漠植被。灌区或者人工绿洲的存在需要较高的地下水位和地下水造成的包气带中的湿润水分才能生长繁衍。绿洲稳定的前提一是要能有效防治沙漠入侵，掩埋植被。如果绿洲因地下水位下降，植被退化，抵御不了风沙的入侵，则绿洲的沙化、消亡过程也就开始了。人类强化耗水的农业生产活动一方面建设了属于人工绿洲的农业灌区，形成了人工生态系统，增强了其抵御风沙的力量，有利于灌区的稳定。但这种农业活动必然造成水资源的再分配，如果生产耗水不能控制在一定数量以内，其结果往往是造成地下水位下降，生态系统的用水被挤占，天然生态系统就会发生退化，最终导致绿洲衰亡。西北内陆干旱地区天然生态系统能生存并发展的条件是，不仅要保证一定的水资源供给，而且还必须有供水条件，即地下水位要在其根系所能达到的范围。疏勒河干流按照《敦煌水资源合理利用与生态保护综合规划》（以下简称《敦煌规

划》）中 2020 年水资源配置方案来确定用水总量控制指标。《敦煌规划》
（2011—2020）中，以 2007 年为基准年，2015 年为近期规划水平年。2015 年
双塔水库下泄生态水量为 7800 万 m³，到达瓜州—敦煌边界双墩子断面的水量
为 2700 万 m³。《敦煌规划》中党河与疏勒河地表水用水总量控制指标为
11.90 亿 m³，2015 年地下水为 3.65 亿 m³。酒泉市 2015 年用水总量指标为
28.42 亿 m³，其中地表水为 20.86 亿 m³，地下水为 7.56 亿 m³。

花海灌区地下水位已经出现下降的趋势，依据《甘肃省水资源综合规划》
《甘肃省地下水开发利用红线管理方案》《敦煌规划》等相关规划，为了灌区的
可持续发展，要使灌区地下水逐渐恢复至采补平衡的状态，以便维持地下水的
良性循环状态。综上所述，确定花海灌区的管理目标为维持现有灌溉面积，节
约灌溉用水用于生态，缓解地下水超采现状，逐步恢复地下水的采补平衡。

2. 含水层厚度法划定管理控制水位

花海灌区内共有地下水监测井 6 眼。区内 2001—2014 年的年地下水位呈
下降趋势。为满足划定工作需要，在花海灌区收集了相关资料，汇总为表
9.3。《甘肃省玉门市地下水资源开发利用规划报告》中，花海盆地的含水层厚
度为 5～240m，花海灌区 2001 年含水层厚度为 76.64m，2014 年含水层厚度
为 75.67m（数据来源：玉门市宏源水利钻井队），含水层面积为 1950.50km²，
含水层给水度为 0.1～0.20。

表 9.3　　　　　　　　　　花海灌区测站基本情况表　　　　　　　　单位：m

年份	岷州村	独山子	双泉子	金湾村	南渠	西河口	平均埋深
2001	18.63	3.63	5.42	9.82	4.96	35.75	13.04
2002	18.63	3.68	5.57	9.93	4.92	35.51	13.04
2003	18.83	3.74	5.72	10.36	5.34	36.1	13.35
2004	18.82	3.85	5.61	10.43	5.32	36.25	13.38
2005	18.83	3.97	5.67	10.39	4.82	34.75	13.07
2007	18.75	3.77	5.6	10.19	5.07	35.67	13.18
2008	19.49	3.97	5.71	13.89	5.26	36.82	14.19
2009	19.53	3.73	5.87	14.04	5.23	37	14.23
2010	19.63	3.97	5.66	13.27	5.26	36.67	14.08
2012	18.88	3.29	5.66	13.95	5.37	36.52	13.95
2013	18.94	3.12	5.65	14.15	5.42	36.24	13.92
2014	18.74	3.01	6.11	14.61	5.3	36.22	14.00

以花海灌区6个地下水监测站的平均地下水埋深（算数平均值）作为花海灌区本年的地下水埋深，以隔水底板高程与埋深之差作为含水层厚度，以管理控制周期前10年的地下水监测资料为基础，即评价周期为2005—2014年，则花海灌区地下水埋深及含水层厚度见表9.4。

表9.4　　　　　　　　　　　　　　花海灌区计算数据表

指标＼年份	2005	2007	2008	2009	2010	2012	2013	2014
埋深/m	13.07	13.18	14.19	14.23	14.08	13.95	13.92	14.00
含水层厚度/m	76.61	76.51	75.49	75.45	75.60	75.74	75.76	75.68

注　花海灌区2014年含水层厚度为75.67（数据来源：玉门市宏源水利钻井队）。

根据所设定的"花海灌区的管理目标为维持现有灌溉面积，节约灌溉用水用于生态，缓解地下水超采现状，逐步恢复地下水的采补平衡"的地下水管理控制目标，将2015年作为管理控制周期起始年，以5年为管理控制周期，以2020年作为目标年，划定管理控制水位。由于花海灌区以开采浅层地下水为主，地下水埋深2001—2014年变化曲线如图9.2所示。可以看出花海灌区地下水埋深自2000年以后呈现逐年增大的趋势，且根据2013年超采区复合结果，花海灌区为浅层一般超采区。但甘肃省尚未将地下水总量指标划分至乡镇，即花海灌区为没有明确压采指标的超采区地区，使用含水层厚度法计算花海灌区的地下管理控制水位。

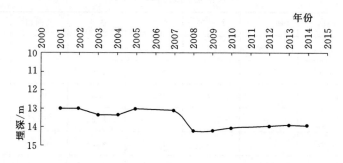

图9.2　花海灌区地下水埋深趋势

根据管理目标和管理控制周期可知，到2020年花海灌区地下水年平均下降速率减少至0。

根据历史水位资料计算2005—2014年含水层变多年平均变动率，其中，2005年含水层厚度为76.61m、2014年为75.68m。以2001年含水层厚度为76.64m。根据多年年平均含水层变动率计算花海灌区含水层多年年平均含水层变动率为0.12。2005—2014年花海灌区地下水埋深的年平均下降速率为

0.10m/年。

在地下水位持续下降的区域，通过划定管理控制水位，制定相应地下水开采计划，旨在管理控制周期内将该地区地下水年平均下降速率削减为0，即在管理控制周期末年，地下水水位不再继续下降，地下水系统达到采补平衡状态。

对于R小于2%的地区，拟以5年作为管理控制周期。花海灌区地下水多年年平均下降速率为0.10m/年，2013年甘肃省超采区复核结果显示花海灌区属于一般超采区。故以5年为管理控制周期，即2020年为管理控制周期末年，按照均匀削减多年平均下降速率的目标，划定管理控制水位。详见表9.5。由表9.5可知，利用含水层厚度法，花海灌区2020年地下水管理控制水位的埋深为14.28m。

表9.5　　　　　　　　　　花海灌区管理控制水位

控制期	年份	削减值/m	含水层平均下降速率/(m/年)	管理控制水位（埋深）/m
第1年	2016	0.02	0.08	14.16
第2年	2017	0.04	0.06	14.22
第3年	2018	0.06	0.04	14.26
第4年	2019	0.08	0.02	14.28
第5年	2020	0.10	0.00	14.28

3. 数值模拟划定管理控制水位

采用FEFLOW软件对花海灌区地下水流进行模拟，构建模型，推求地下水管理控制水位。

(1) 地下水系统概念模型。花海盆地是一个独立的水文地质单元，本次模拟的范围为东起花海乡东部，西至红山峡、青山，南达宽滩山，北以北石河为界，主要是现灌区和拟开垦区，面积约为630km²。研究计算范围如图9.3所示。本次研究将花海灌区概化成非均质各向异性三维潜水含水层。研究区南部宽滩山前存在巨大的压性断层，阻止了地下潜流的补给，仅小部分潜流补给；北部边界为北石河以北近北戈壁边缘；东部花海乡以东边界地下水以潜流形式排泄到研究区外；西部垂直等高线，也几近与等水位线垂直；下部边界为不透水基岩。

(2) 地下水流模型。

1) 水文地质概念模型。水文地质概念模型是在综合分析地下水系统的基础上，对评价区地质、含水层实际的边界条件、内部结构、渗透性质、水力特征和补给排泄等水文地质条件进行科学的综合、归纳和加工，从而对一个复杂

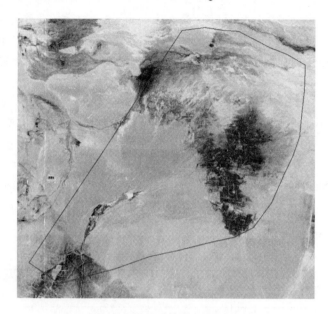

图 9.3　花海灌区研究范围

的水文地质实体进行概化，便于进行数学或者物理模拟。因此，建立水文地质概念模型主要应考虑如下几个方面：概化后的模型应该具备反映研究区水文地质原型的功能；概化后的各类边界条件应符合研究区地下水流场特征；概化后的模型边界应该尽量利用自然边界；人为边界性质的确定应从不利因素考虑等。

2) 有限单元网格剖分。根据 FEFLOW 模拟软件的地下水流模拟流程，研究区地下水流 FEFLOW 模型的识别及求解的前期处理主要包括：模拟区域的选取及数字化，设计研究区域超单元，研究区域有限单元的划分，模型基本条件的设定，包括初始条件、边界条件、设定模型所需参数值、设定水位模拟参照点等。

建立模型的第一步是对二维模拟区域进行有限个三角形单元剖分，而该软件是在超级单元格设计的基础上生成有限元网格的，超级单元网格设计的主要内容就是输入模型边界。对研究区进行有限元剖分时除了遵循一般的剖分原则外（如三角形单元内角尽量不出现钝角，相邻单元间面积相差不应太大），还应充分考虑如下实际情况：充分考虑研究区的边界、岩性分区边界等；监测孔尽量放在剖分单元的节点上；在水力坡度变化较大、流场变化趋势较大的区域，剖分时要适当加密；在监测井周围适当加密网格。剖分后，模拟区域共有剖分单元 24689 个，结点 13149 个，剖分图如图 9.4 和图 9.5 所示。研究区地下水三维模型示意图如图 9.6 所示。

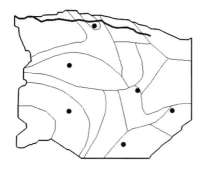 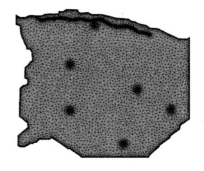

图 9.4　设计超级单元网格　　　图 9.5　研究区有限元三角网格剖分

高程图
连续的
■ 1426.28m
■ 1381.67m
□ 1337.06m
■ 1292.45m
■ 1247.83m
■ 1203.22m
■ 1158.61m
■ 1114m
■ 1069.38m
■ 1024.77m
■ 980.16m

图 9.6　研究区地下水三维模型示意图

3）水文地质参数赋值。研究区花海灌区，水文地质条件相对复杂。根据研究区地层结构剖面图和地下水位监测值，可知全部 6 口监测井位于潜水含水层，在研究区东北部有部分壤土黏土，其下部地下水可呈现微承压状态，由于相对隔水层在空间上的不连续性及灌溉机井开采地下水，使得研究区承压非承压水水力联系紧密形成统一的地下水自由面。

根据钻孔资料和野外现场微水试验，将研究区水文地质参数进行规划。水文地质参数主要有渗透系数和给水度，主要根据甘肃省水利水电勘测设计研究院完成的花海灌区水文地质参数分区图（2002 年 10 月），结合该区水文地质勘察、抽水试验资料及对水文地质条件的分析确定。由南西到北东由砂砾、含砾砂、中细砂逐渐过渡到细砂、粉细砂，渗透系数分布在水平方向上基本符合从西南到东北方向逐渐变小的趋势。在垂直方向上由上而下层次逐渐增多，颗粒由粗变细，渗透系数有变小的趋势，但第一层由于覆盖层有粉质壤土、粉质黏土，渗透系数相对较小。假设含水层是各向同性的，因此直接将设定的 x 方向的水力传导系数（Kxx）通过"数据拷贝"拷贝到 y 方向（Kyy）和 z 方向（Kzz）中，具体渗透系数分区图如图 9.7 所示。本次模拟参照前人对给水度的

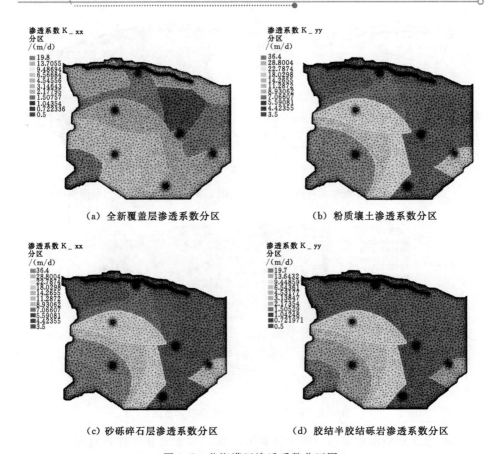

（a）全新覆盖层渗透系数分区　　　　　　（b）粉质壤土渗透系数分区

（c）砂砾碎石层渗透系数分区　　　　　　（d）胶结半胶结砾岩渗透系数分区

图 9.7　花海灌区渗透系数分区图

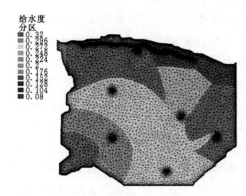

图 9.8　花海灌区给水度分区图

各种试验结果，给水度有从西南到东北方向逐渐变小的趋势，给水度分区图如图 9.8 所示。

4）模拟期的确定。在本次研究中，将问题类型定义为潜水含水层稳定水流模拟，调节各区参数得到研究区的稳定流场。第二大步在稳定流场的基础上加入源汇项，对研究区进行非稳定流动态模拟，对研究区近 10 年来地下水动态进行模拟以及为后面地下水动态预测作准备。

根据现有的监测井中水位动态变化资料和降雨资料，本次研究选取花海灌区水文地质参数分区图的各监测井水位目标，通过稳定流模拟得到稳定流场。

通过微调各区的参数使得各监测孔接近监测值。得到较为准确的稳定流场再进行下一步，选取 2001 年 1 月 1 日至 2010 年 12 月 31 日为非稳定流的模拟时间。在 FEFLOW 中，时间步长可以是固定的或变化的（步长由用户指定），也可以是自动的（步长由程序自动控制），本研究选择模型自动控制时间步长。在"时序和控制数据"（temporal & control data）菜单中定义模型的时间步长（length of time step），每一次运算都严格控制迭代误差。指定模型运行时的初始时间步长是 0.001d。

5）定解条件的处理。采用第一步的稳定流模拟匹配监测孔数据得到初始流场，得到地下潜水水位，潜水含水层的初始流场如图 9.9 所示。研究区南部宽滩山前巨大的压性断层的存在，阻止了地下潜流的补给，仅小部分潜流补给，定为隔水边界；北部边界为北石河以北近北戈壁边缘，作为零流量边界处理，北石河作为一个给定水头的边界进行处理；区域东部花海乡以东边界地下水以潜流形式排泄到研究区外，定为流量边界；西部垂直等高线，也几近与等水位线垂直，定为零流量边界；下部边界为不透水基岩，视为隔水边界。研究区边界条件概化图如图 9.10 所示。

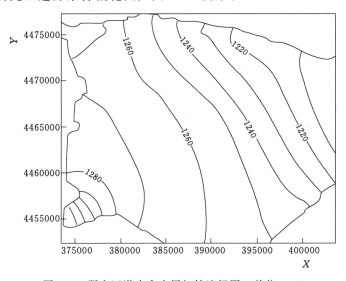

图 9.9　研究区潜水含水层初始流场图（单位：m）

6）源汇项计算与处理。渠系渗漏补给系数是指干、支、斗三级渠系渗漏补给地下水量占进入研究区渠首引水量的比例，其主要影响因素是渠道衬砌程度、渠道两岸包气带和含水层岩性特征、地下水埋深、包气带含水量、水面蒸发强度、渠系相对水位和过水时间、渠道两岸地下水埋深等。由于研究区仅包含少部分花海总干渠，故渠首来水不能以总供水来考虑，模型以斗口供水量为来水量，主要数据参考历年疏勒河流域灌溉汇总表中花海灌区的各项数值。渠

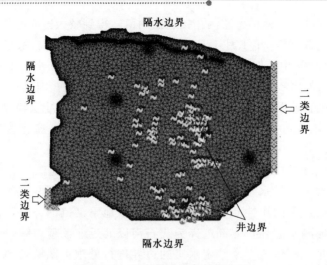

图 9.10　研究区边界条件概化图

系入渗补给情况见表 9.6，渠系分布情况如图 9.11 所示，历年疏勒河流域灌溉汇总情况见表 9.7。

表 9.6　　　　　　　　　　　渠 系 入 渗 补 给 表

年份	斗口供水量/万 m³	渠系渗漏量/万 m³	总干渠		干渠渗漏量/万 m³	强度/(10⁻⁴ m/d)	支斗渠渗漏量/万 m³	强度/(10⁻⁴ m/d)
			渗漏量/万 m³	强度/(10⁻⁴ m/d)				
2001	5856.05	632.46	210.82	4.15	210.82	3.52	210.82	1.61
2002	5367.97	579.74	193.25	3.81	193.25	3.23	193.25	1.48
2003	7050.96	761.50	253.83	5.00	253.83	4.24	253.83	1.94
2004	7984.98	862.38	287.46	5.66	287.46	4.80	287.46	2.20
2005	6709.54	724.63	241.54	4.76	241.54	4.04	241.54	1.85
2006	7869.44	849.90	283.30	5.58	283.30	4.74	283.30	2.17
2007	9574.87	1034.09	344.70	6.79	344.70	5.76	344.70	2.64
2008	9805.99	1059.05	353.02	6.95	353.02	5.90	353.02	2.70
2009	9644.95	1041.65	347.22	6.84	347.22	5.80	347.22	2.66
2010	8749.25	944.92	314.97	6.20	314.97	5.26	314.97	2.41

　　田间灌溉水回归以及山前洪水散流入渗补给等概化为综合平面补给强度。在 FEFLOW 中，用源汇项定义。渠水进入田间灌溉，一部分消耗于作物生长的生理蒸腾和棵间蒸发，另一部分则渗漏补给地下水，为田间灌溉入渗补给量。灌溉入渗根据地下水埋深不同会有不同的补给强度，田间灌溉入渗补给量见表 9.8。

表9.7

历年疏勒河流域灌溉汇总表

| 年份 | 单位 | 总供水量/万m³ | 毛河供水量/万m³ | 斗口供水量/万m³ | | | | 实际灌溉面积/万亩 | 其中 | | 实灌亩次/万亩次 |
				合计	河水	井水	泉水		河水面积/万亩	井水面积/万亩	
2001	花海	7673	7173	5856	5356	500		9.12			54.69
2002	花海	7400	6656	5368	4624	744		9.12			53.96
2003	花海	9636.45	7903.00	7050.96	5317.51	1733.45		11.34	9.13	2.21	69.32
2004	花海	11009.06	9428.20	7984.98	6404.12	1580.86		12.97	10.76	2.21	78.81
2005	花海	9722.06	9371.54	6709.54	6359.02	350.52		13.81	13.19	0.62	68.86
2006	花海	11476.09	10959.39	7869.44	7352.74	516.70		15.37	14.66	0.71	80.08
2007	花海	12820.60	10810.82	9574.87	7565.01	2009.86		16.98	15.48	1.50	91.50
2008	花海	13437.12	12135.84	9805.99	8504.70	1301.28		17.50	15.48	2.02	89.72
2009	花海	14194.88	12525.32	9644.95	7975.39	1669.56		17.44	15.15	2.29	91.01
2010	花海	11997.86	11506.41	8749.25	8257.80	491.45	0.00	17.11	15.28	1.83	75.76

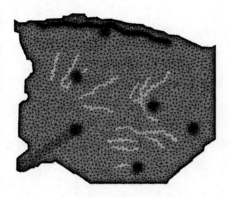

图 9.11 渠系分布图

潜水蒸发是地下水排泄的主要方式之一，主要发生在细土平原地下水浅埋和溢出带。根据酒泉监测站的资料，潜水蒸发量与地下水位埋深有密切关系。地下水位埋深在小于 1m 时，潜水蒸发量大，年蒸发量在 90～160mm。随地下水埋深的增大，潜水蒸发量急剧减小，地下水位埋深大于 10m 时，基本没有蒸发。蒸发量模拟的关键是极限蒸发埋深取值。为反映潜水蒸发量随水位埋深变化的规律，采用分段线性函数处理方法，按水位埋深分区定义蒸发量计算参数。在地下水浅埋（＜1m）和溢出带，年水位动态变幅不大，多在 0.5～1m 左右，极限蒸发埋深可取相对小的数值（1.5～2m），能够更好地反映水位浅时蒸发量大的变化趋势；在水位埋深为 3～5m 时，极限蒸发埋深取 5m；在水位埋深大于 5m 时，极限蒸发埋深取 10m。潜水蒸发计算结果见表 9.9。

表 9.8   田 间 灌 溉 入 渗 补 给 表

埋深 /m	面积 /km²	强度 /(m/年)	总量 /万 m³	单日 /m³	强度 /(10⁻⁴ m/d)
0～3	10.571	0.278	293.874	8051.337	7.616
3～5	30.981	0.180	557.658	15278.301	4.932
5～10	69.980	0.067	468.866	12845.644	1.836
总计	111.532		1320.398	36175.282	

表 9.9   潜 水 蒸 发 计 算 表

分类	埋深 /m	面积 /km²	强度 /(m/年)	总量 /亿 m³	单日 /万 m³	强度 /(10⁻⁴ m/d)
田间蒸发	0～3	10.571	−0.370	−391.127	−10715.808	−10.137
	3～5	30.981	−0.120	−371.772	−10185.534	−3.288
	5～10	69.980	−0.030	−209.940	−5751.781	−0.822
	总计	111.532		−972.839	−26653.123	
空地蒸发	0～3	18.375	−0.210	−385.875	−10571.918	−5.753
	3～5	52.203	−0.100	−522.030	−14302.192	−2.740
	5～10	68.407	−0.020	−136.814	−3748.329	−0.548
	总计	138.985		−1044.719	−28622.438	

在 FEFLOW 中，对渠系入渗、田间入渗与潜水蒸发等进行模拟时，一般将其换算成以 10^{-4} m/d 或 m/d 为单位的量通过表面补给，在赋值时通过 In/Outflow（流入/流出量）on top/bottom（顶部/底部）实现，渠系入渗由于每年都有变化，赋值时通过时间序列数据赋值，如图 9.12 所示。

灌区为地下水人工开采的主要集中区域，随着地区人口增多与灌溉面积扩大，地下水开采量日益增长，现在已成为灌区地下水主要的排泄项之一。截至 2015 年，花海灌区共有机井 559 眼，由于地下水开采量的 90% 以上都用于灌溉，在历年疏勒河流域灌溉汇总表中找到 2001—2013 年的井水灌溉量，以此作为研究区地下水开采的资料。考虑到大部分机井井深在 80～100m 左

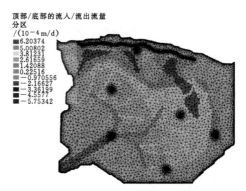

图 9.12　入渗及蒸发赋值图

右，将机井作为井边界赋值到第二层的底板和第三层底板对应的机井位置。由于每年的开采量有所变化，所以地下水开采也通过时间序列数据赋值。地下水开采量见表 9.10。

表 9.10　　　　　　　　地 下 水 开 采 量 表

年份	开采量 /万 m³	第二层单井开采强度 /(m/年)	第三层单井开采强度 /(m/年)
2001	1500	0.65	0.65
2002	1744	0.76	0.76
2003	1733.45	0.75	0.75
2004	1580.86	0.69	0.69
2005	1350.52	0.59	0.59
2006	1516.70	0.66	0.66
2007	2009.86	0.87	0.87
2008	1501.28	0.57	0.57
2009	1669.56	0.73	0.73
2010	1889.45	0.82	0.82

7）模型的识别与检验。模型的识别与检验过程是整个模拟中极为重要的一步工作，通常要反复地修改参数和调整某些源汇项才能达到较为理想的拟合结果。此模型的识别与检验过程采用的方法也称试估-校正法，它属于反求参

数的间接方法之一。该方法预先给定一组参数的估计值，输入模型中进行计算，比较计算结果与实测结果的误差，如果误差没有达到精度要求，则对刚才输入的一组参数作出调整，直到达到一定的精度时停止计算，这时所用一组参数值被认为是符合实际的参数值。模型的识别和验证主要遵循以下原则：模拟的地下水流场要与实际地下水流场基本一致，即要求地下水模拟等值线与实测地下水位等值线形状相似；模拟地下水的动态过程要与实测的动态过程基本相似，即要求模拟与实际地下水位过程线形状相似；从均衡的角度出发，模拟的地下水均衡变化与实际要基本相符；识别的水文地质参数要符合实际水文地质条件。模拟模型的识别和验证就是用研究区地下水系统的输入和输出的历史实际监测资料，校正已建立的数学模型，以便使其正确地反映地下水系统的实际状态，检验边界性质和参数的准确性。识别的过程是将模拟的响应（计算水位）和实际监测值进行对比，通过对模型参数不断的修正和改进，使计算的结果控制在合理范围内。

　　采用了花海灌区水文地质参数分区图作流场拟合，用 2001—2013 年的水位实测资料，采用输入、输出项的多年平均作为补给和排泄项的识别参考值。具体步骤为：首先拟合水位，在参数变化范围内调整模型的运行参数，运行模型求解各时段全区水位，如果监测点水位和计算水位拟合较好，则认为所给参数合理。然后计算模型均衡项，若诸项量值与实际值相近，就认为所选择的这组参数比较可靠。花海盆地监测点计算值和监测值关系如图 9.13 所示。

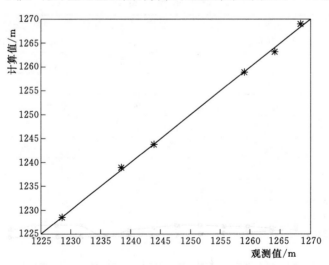

图 9.13　花海盆地监测点计算值和监测值关系曲线

　　研究区共选取 6 个监测点，水位拟合整体情况较好，个别孔水位模拟值与监测值相差略超过 0.5m，其余水位差值基本都在 0.3m 以内。孔平均误差为

0.119m，精度符合计算要求。从地下水动态来看，本次模型识别选择2001—2013年进行模型识别，该时段历经动态的灌溉入渗和地下水开采，流场的特征能较好地反映出含水层结构、水文地质参数和含水层边界性质的变化。图9.14为6口监测井的实测地下水动态变化曲线与模型拟合的地下水动态变化曲线。从图中可以看出，水位随地下水开采量的变化明显，地下水开采量总体呈现增加趋势，水位的监测值和模拟值均呈下降或平稳趋势；部分监测数据及模拟数据水位的监测值和模拟值呈升高趋势，原因可能与渠系入渗及田间灌溉入渗量的增加有一定关系。从水位过程线的拟合程度来看，地下水位的模拟值和监测值变化总体趋势大致相同。

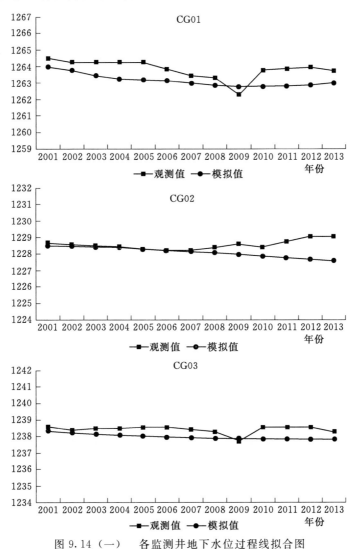

图9.14（一）　各监测井地下水位过程线拟合图

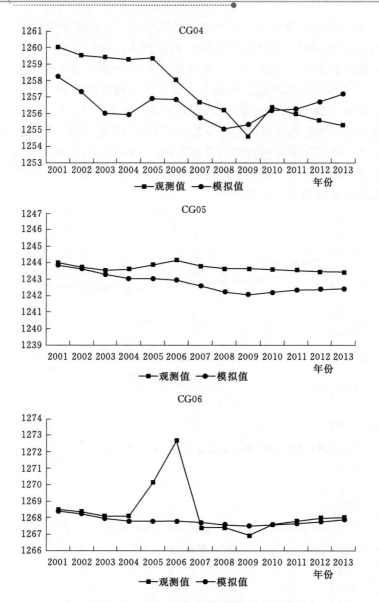

图 9.14（二） 各监测井地下水位过程线拟合图

4. 地下水管理控制水位划定

（1）管理时段与方案设定。目前，花海灌区没有节水灌溉工程，仍采用大水漫灌的方式进行农作物灌溉，作物种植田块大、土地平整度差，灌溉方式较为粗放。由于花海灌区目前没有任何节水灌溉工程措施和手段，而依据《敦煌规划》中，规定的生态恢复和疏勒河下游输水目标，未来花海灌区在发展过程中，通过推广节水工程和节水手段来压减花海灌区灌溉用水总量以保障生态用水量和花海灌区社会经济的可持续发展。可见花海灌区具有较大的节水灌溉潜力。故本节在划定花海灌区地下水管理控制水位时，假定其他补给排泄条件不变，花海灌区保持现有种植面积、地下水维持现有开采量，只考虑通过减少地下水开采量的方式节约灌溉用水，将节约的灌溉用水用于生态用水，即在模拟的时候只考虑改变地下水开采量的影响，以 5 年作为花海灌区地下水管理控制期，预测 2020 年花海灌区在不同田间入渗条件下的地下水的管理控制水位。

根据建立的地下水数值模型，对地下水进行动态预测。考虑只改变地下水开采为边界条件，为了推求花海灌区地下水管理控制水位，则分两种方案进行模拟：第一种方案是以现状年（2014 年）为基础，假定花海灌区维持现有耕作方式、种植结构和灌区面积，模拟 2020 年地下水水位和地下水流场情况，即除田间入渗外，渠系入渗、地下水开采等源汇项以现状年作为参考；第二种方案是假定在管理控制期末（2020 年），花海灌区维持现有耕作方式、种植结构和灌区面积，通过节水灌溉措施，减少灌溉水量，将节约的灌溉水用于生态用水，假定 2020 年地下水开采量为现状年（2014 年）的 80％，模型的其他源汇项与第一种情况相同。

（2）现状条件下地下水位及流场变化。根据建立的数值模型，假定花海灌区维持现有灌溉方式和种植制度、不再继续扩大耕地面积，且不采取任何压采控制和节水手段的状态下，利用模型模拟预测花海灌区 2020 年的地下水水位和地下水流场，2020 年花海灌区地下水流场如图 9.15 所示，2020 年与 2014 年地下水位变化图如图 9.16 所示。

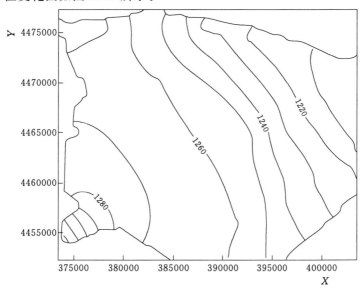

图 9.15　花海灌区 2020 年地下水流场图

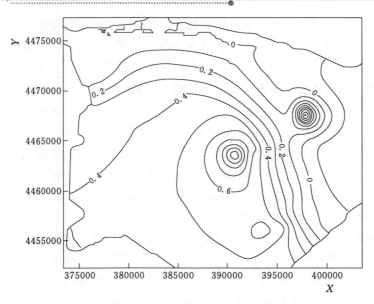

图 9.16　花海灌区 2020—2014 年地下水流场变化图

由模拟结果可知，在现状条件下，花海灌区地下水平均水位埋深为 14.83m。由花海灌区 2020 年地下水流场图可知，灌区地下水流向为沿着疏勒河河道方向，自西南方向流向东北方向，地下水水位自西向东逐渐减小。由花海灌区地下水流场变化图可知，2014—2019 年，灌区中部地下水位变化较大，水位增加了 0.6m，灌区东北部地下水位几乎没有变化，灌区西南部和北部地下水位增加了 0.4m。这与耕地的分布地点变化是一致的。

（3）划定地下水管理控制水位。假定通过一定的节水灌溉措施，使得管理周期末年（2020 年）地下水开采量为现状年（2014 年）的 80% 的情况下，利用数值模型模拟和预测花海灌区 2020 年地下水水位和流场分布，2020 年花海灌区地下水流场如图 9.17 所示，2020 年与 2014 年地下水位变化如图 9.18 所示。80% 开采条件下，地下水监测井水位埋深见表 9.11。

表 9.11　　2020 年花海灌区 80% 地下水开采情况下地下水水位埋深

井　号	2020 年现状/m	80% 开采量/m
CG01	22.67	22.59
CG02	10.91	10.78
CG03	14.32	14.25
CG04	15.43	15.36
CG05	10.83	9.97
平均	14.83	14.68

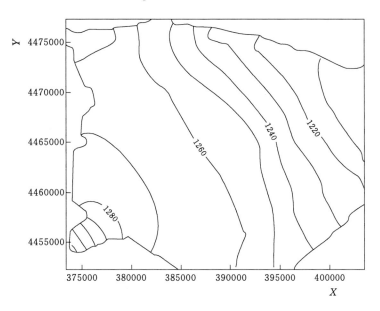

图 9.17　花海灌区 2020 年 80％田间入渗时地下水流场图

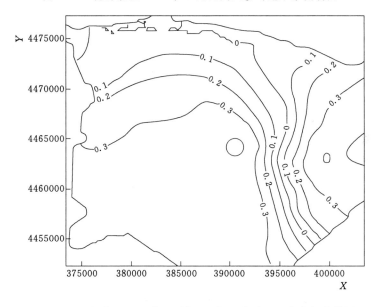

图 9.18　花海灌区 2020 年 80％地下水开采时地下水流场变化图
（说明：2020 年地下水位值与 2014 年地下水位值之差）

由模拟结果可知，在 80％开采条件下，在该开采条件下，花海灌区地下水平均水位埋深为 14.68m，较现状条件下水位埋深小 0.15m。根据花海灌区 2020 年地下水位埋深较现状条件的减小值，按照含水层疏干公式

（$Q=\mu F\Delta h$）计算 2020 年花海灌区地下水开采量的减少量，花海灌区计算面积为 18.31 万亩，结合前文介绍，确定给水度 μ 为 0.15，计算可知，2020 年将减少开采量 275 万 m^3，实际开采量为 2065 万 m^3，而花海灌区地下水的可开采量为 2025 万 m^3，可见在该管理控制目标下，地下水开采量基本等于可开采量。

由此可见，在减少地下水开采的情况下，灌区地下水开采量减少，导致了地下水位的抬升。由花海灌区 2020 年地下水流场图可知，灌区地下水流向为沿着疏勒河河道方向，自西南方向流向东北方向，地下水水位自西向东逐渐减小，其变化与现状条件下基本一致。由花海灌区地下水流场变化图可知，2014—2020 年，灌区西部和北部地下水位较 2014 年大，而中部和东南部较 2014 年小。可见，80％开采量条件下，2020 年研究区西部和北部地下水位有所抬升，东南部地下水位下降，根据灌区所在位置，可知，地下水开采量减少后，灌区所在位置地下水水位抬升，裸地地下水水位下降。

花海灌区地下水可开采量为 2025 万 m^3，若不采取地下水管理控制措施，以花海灌区 2014 年开采量 2340 万 m^3 进行开采，则每年超采 315 万 m^3，2016—2020 年地下水开采总量为 1.17 亿 m^3，累计超采 0.16 亿 m^3，地下水水位将下降 0.86m，2020 年地下水埋深将为 14.86m。按照管理目标进行地下水位管理，则地下水埋深和累计压采量均比不采取措施减少。

对于地下水埋深，2020 年，含水层厚度法和数值模拟法推算的管理控制水位分别为 14.62m 和 14.68m，均比不采取管理措施的地下水埋深小，埋深值小约 0.2m。

对于地下水压采量，根据花海灌区逐年地下水管理控制水位，按照含水层疏干公式（$Q=\mu F\Delta h$）计算各开采区管理控制周期内逐年压采量及管理控制周期内累计压采量，花海灌区计算面积为 18.31 万亩，针对花海灌区前人资料的给水度 μ 值：《甘肃省疏勒河流域农业灌溉暨移民安置综合开发项目环境影响报告书》水文地质专题报告中花海盆的给水度 μ 值为 0.1；《河西走廊疏勒河流域地下水资源合理开发利用调查评价》（2008）中花海灌区砂砾石的给水度 μ 值为 0.15～0.25，中细砂、细粉砂的给水度 μ 值为 0.1～0.15。综合各报告拟初步给定研究区给水度 μ 为 0.15，计算出含水层厚度法和数值模拟法推算的地下水压采量分别为 183 万 m^3 和 275 万 m^3，开采量分别为 2157 万 m^3 和 2065 万 m^3。

由此可见，制定管理控制目标，划定管理控制水位可以有效地减少地下水开采量，缓解地下水的下降趋势。

9.1.5 小结

1. 以灌区确定管理分区

西北地区水土资源丰富，光热资源充足，但因干旱少雨，因此没有灌溉就没有农业，水资源的时空分布格局决定了人口、城镇以及农作物的分布格局，是决定绿洲发生、分布、发展、变迁的根本原因。在甘肃省玉门市选择花海灌区作为地下水管理控制水位划定的典型地区。

2. 结合实际情况确定管理目标

花海灌区隶属于甘肃省玉门市，所辖 4 个乡（镇），甘肃省尚未将地下水总量指标划分至乡（镇），所以花海灌区没有明确的地下水总量指标。依据《甘肃省水资源综合规划》《甘肃省地下水开发利用红线管理方案》《敦煌规划》等相关规划，确定花海灌区的管理目标为"维持现有灌溉面积，节约灌溉用水用于生态，缓解地下水超采现状，逐步恢复地下水的采补平衡"。

依据管理目标，在划定管理控制水位时，将目标具体细化为：设定管理控制周期为 5 年，以花海灌区 2020 年达到采补平衡为要求，维持现有耕地面积和种植结构不变，以地下水年平均下降速率削减至 0 作为含水层厚度法的管理目标；以开采量减小为现状条件的 80％为数值模拟的管理目标。

3. 结合基础资料情况选择划定方法

在花海灌区收集到比较完善的资料，具体包括花海灌区地下水动态监测资料、水位历史资料、含水层厚度、水文地质条件等基础资料等。加之花海灌区所处的花海盆地是独立的盆地，可以清晰划定模拟边界，且有专门的供水水库和完整的供水渠系网络，为相对独立的单元。所以花海灌区既满足含水层厚度法所要求的数据，也可满足建立数值模型的数据要求。

综上所述，根据管理目标，结合花海灌区的基础资料情况，选择含水层厚度法和数值模拟法推求管理控制水位。含水层厚度法和数值模拟法推算的管理控制水位分别为 14.62m 和 14.68m，均比不采取管理措施的地下水埋深小约 0.2m；两种方法推算的压采量分别为 183 万 m^3 和 275 万 m^3。

9.2 地面沉降区案例

原江苏省地矿部门于 1983 年在常州市清凉小学建立起第一座分层标组，开始进行地面沉降监测，后来又在常州市市区和武进区分别建立清凉小学基岩标和马杭基岩标，这两个监测点是长江三角洲地区地面沉降监测资料最长、最有说服力的监测点。

因此，本节以常州市为研究区。通过研究常州市地下水开采与地面沉降的变化规律，揭示在不同时期地下水开采与地面沉降的演变特征，找出地下水开采与地面沉降之间的相关关系，并探讨常州市地下水管理控制水位的划定原则和划定方法，确定合理的地下水位指标。实现地下水合理开发和有效保护，为地面沉降区域地下水的合理利用和制定保护管理方案提供依据，为地下水管理控制水位的研究工作提供实践基础和宝贵经验，为进一步开展大区域、大尺度地下水管理控制水位的研究工作奠定基础，为进一步完善《地下水管理控制水位划定技术要求》做好技术储备和经验积累，为国内同类型地区地面沉降治理、管理控制水位划定等相关工作提供借鉴。

9.2.1 研究区概况

9.2.1.1 自然地理概况

1. 地形、地貌

本次研究区位于江苏省南部的常州地区，地理坐标为北纬 $31°20'\sim32°04'$，东经 $119°40'\sim120°20'$，范围为市辖区，总面积约 $1890km^2$。研究区北依滔滔长江，东濒浩渺太湖，与上海市、南京市等距相望，京沪铁路、京杭运河穿城而过，沪宁高速公路和 312 国道傍城而行。

由于地处长江下游三角洲苏南平原，常州市地貌类型属于冲积平原，境内地形复杂，山区平圩兼有。南为天目山余脉，西为茅山山脉，北为宁镇山脉尾部，中部和东部为宽广的平原、圩区。长江岸线按微地形结构划分属于沿江平原，这一地带系 2000 年来江潮夹带泥沙淤积而成，土质为沙性，疏松，海拔在 $4.5\sim5.5m$，局部达 6 m，沿江大堤一般高度在 $6.5\sim7.5m$。

2. 气象、水文

常州市属亚热带季风气候类型，气候温和湿润，四季分明，降水充沛，日照充足，雨热同期。多年平均气温 15.6℃，陆地年蒸发量 $800\sim900mm$，水面蒸发量 $1200\sim1400mm$。区内多年平均降水量为 1089.3mm，最大年降水量为 1596.6mm（1999 年），最小年降水量为 541.9mm（1978 年），降水多集中于 6—9 月，约占年降水量的 55％。

区内水系发育，形成了长江为主要水系的地表水网。长江是研究区的北部边界，水深 $30\sim40m$，多年平均径流量为 9730 亿 m^3。研究区南部是区内最大的湖泊——太湖，最高水位为 5.15m，最低水位为 2.28m。区内较大的湖泊还有鬲湖等，与各大湖相连的各等级河道纵横交错，彼此互连，构成发达的水系网。

9.2.1.2 区域地质概况

区内沉积物表层以第四系沉积的亚黏土为主，第四系广泛发育，一般厚度 $150\sim260m$，主要为砂与黏土交替出现，具有明显韵律变化的疏松碎屑沉积，地层由老至新可分为 4 层——全新统、上更新统、中更新统和下更新统，表 9.12 为常州地区第四系地层描述情况。

表 9.12　　　　　　　　　　常州地区第四系地层一览表

系	统	段	厚度/m	岩 性 特 征
第四系	全新统	上段	0～5	灰褐、黄褐色粉质黏土，局部夹泥炭
		中段	0～15	灰褐色淤质土、粉质黏土夹薄层砂及泥炭
		下段	0～5	淤质黏土，含植物根系
	上更新统	上段	6～10	暗绿、棕黄杂青色黏土，含铁、锰、钙质结核
			7～15	灰色粉细砂、淤质黏土薄层粉砂
		中段	4～21	棕黄色杂青色黏土，局部夹粉细砂
		下段	14～70	灰、深灰色粉色黏土，东部夹厚层中细砂
	中更新统	上段	10～40	灰黄、黄褐色粉质黏土夹粉砂，含铁、锰、钙质结核
		下段	10～50	灰色中细砂、中粗砂，局部夹粉质黏土薄层
	下更新统	上段	0～50	上部黄褐、棕黄色粉质黏土，下部灰、灰黄色中细砂、含砾粗砂
		中段	0～60	上部灰黄、青灰色粉质黏土，下部黄色中细砂、含砾
		下段	0～60	灰黄、青灰色黏土，含砾；底部灰黄色、杂色含砾砂层

9.2.1.3　水文地质条件

1. 含水层结构

区内第四系松散岩类孔隙含水层分布广，是主要的开采含水层。根据其赋存条件划分为如下 4 个含水层组：

（1）潜水（微承压水）含水层组：分布全区，含水层岩性为全新统粉质黏土、粉土、粉细砂，厚度为 8～12m，水位埋深为 1～3m，富水性较差，单井涌水量为 5～10m³/d，局部大于 100m³/d，80 年代及以前主要为民用开采井。

（2）第 I 承压水含水层组：本区第 I 承压水含水层组仅在长江边有零星分布。

（3）第 II 承压水含水层组：广布全区，仅长江沿岸局部地段缺失。含水层为第四系中更新统砂、砂砾石，厚度为 0～58.5m，顶板埋深为 60～130m，单井涌水量为 100～2000m³/d，局部地段大于 2000m³/d 或小于 100m³/d。该层组是区内主要开采层位。

（4）第 III 承压水含水层组：分布于研究区的北部，含水层为下更新统砂、泥砾等，厚度为 0～59.4m，顶板埋深为 120～180m，单井涌水量为 100～1000m³/d，局部大于 1000m³/d 或小于 100m³/d。各含水层间有黏性土层间隔，岩性以亚黏土、亚砂土为主，夹有细砂、粉细砂透镜体，为弱透水层。

2. 地下水补径排关系

区内潜水的主要补给来源为大气降水入渗补给、水田灌溉渗漏补给、地表水与地下水的相互补给。潜水径流滞缓，主要排泄于地表水体、蒸发、人工开采和向下部含水层的越流。

Ⅱ承压水的主要补给来源为接受上部潜水的越流补给、下部Ⅲ承压水的顶托补给和长江太湖的侧向补给，主要排泄途径为人工开采。

Ⅲ承压水的主要补给来源为侧向补给，主要排泄途径为向上顶托补给Ⅱ承压含水层。

9.2.2 地下水开采历史

9.2.2.1 地下水开采阶段

常州市20世纪中期开始开采深层地下水，按照地下水开发利用强度和使用规模大致分为4个阶段：开发利用初期（1980年以前）、地下水超采期（1981—1995年）、控制压缩开采期（1996—2000年）和限期禁止开采期（2001—2014年）。

1. 开发利用初期（1980年以前）

20世纪80年代以前，常州市地下水开采属于开发利用的初期，经历了开采初期、大规模开采和地下水超采的不同阶段。

1950—1960年间，城市部分纺织、化工等企业凿建了一些深层地下水开采井，但开采量很小；1960—1970年间，随着地区经济的发展，城市工业需水量大增，城市供水设施远不能满足用水需求，常州市的很多企业开始大量广泛利用深层地下水，开采层位均为水质较好的第Ⅱ承压水，开采井与开采量发展迅速，初步形成地区集中、开采时间集中和开采层位集中"三集中"的开采格局；到70年代初期，常州市地下水累计开采量达4.02亿 m^3，日开采量可达到10.4万 m^3。70年代以后，特别是改革开放以后，工业和城市发展很快，需水量迅速增加，城市供水不能满足经济和社会发展需求。广大企事业单位都采取了凿井方式，开采深层地下水，致使城市区开采井数和开采量急骤上升，局部地区进入超采状态。70年代末期（1979年）常州市共有地下水开采井367眼，累计开采量高达9.232亿 m^3，较70年代初增长了1倍还多，日开采量增至20.0万 m^3，为70年代初的2倍（表9.13）。

随着深层地下水（特别是水质较好的第Ⅱ承压水）大量开采，导致主采层Ⅱ承压水位逐年下降，并围绕常州市区最早形成区域水位降落漏斗。根据《常州城市建设志》中的数据可知，常州市1960年中心城区累积水位埋深为12.8m，

表 9.13 常州市地下水开采量统计表

年 份	累积开采量 /亿 m³	日开采量 /万 m³	开采井数 /个	中心城区水位 埋深/m	水位降落漏斗 面积/km²
1957—1964	1.74	5.9	—	—	—
1965—1970	4.02	10.4	—	26.6	<100
1971—1975	6.31	12.3	—	51.2	—
1976—1979	9.23	20.0	342～367	58	246

注 表中数据来源于《常州城市建设志》统计表。

1970 年中心城区累积水位埋深为 26.6m，1975 年为 51.2m、1979 年下降至 58m；1970 年水位降落漏斗近 100km²，1979 年向外扩展至 246km²，降落漏斗面积为 70 年代初的 2 倍多。

2. 地下水超采期（1981—1995 年）

20 世纪 80—90 年代中期，常州市地下水开采量持续增长，全区域出现地下水的超采现象。1981 年，常州市城区地下水日开采量仅为 28 万 m³，但随着乡镇企业的兴起和发展，由于乡镇地区供水条件和能力严重不足，加之乡镇企业造成了严重的地表水环境污染，迫使工农业用水转向主要依靠开采深层地下水，因此常州市区外围乡镇区开采井数和开采量急骤增加；至 1990 年，地下水累积开采量达到 18.28 亿 m³，较 80 年代初增长了 55%，日开采量达到 36.15 万 m³，增长了 29%，已经超过常州市允许开采量的 1 倍；到 1995 年日开采量增加到 183 万 m³，为 1981 年的 6.5 倍，如图 9.19 和图 9.20 所示。

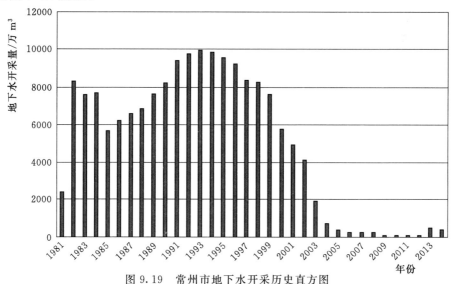

图 9.19 常州市地下水开采历史直方图

（数据来源：江苏省水文水资源勘测局）

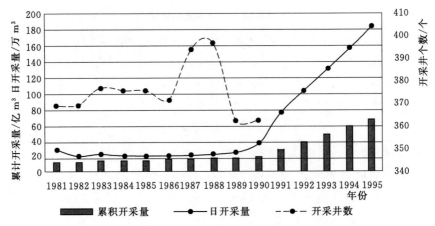

图 9.20　常州市 1981—1995 年地下水开采量与开采井数量

　　随着常州市地下水开采量的迅速增加，地下水位持续下降，已形成大区域的地下水漏斗。根据《常州城市建设志》中的数据可知，1990 年中心城区水位埋深降至 72.25m，常州市第 II 承压水水位埋深平均为 65m。常州市地下水水位降落漏斗在 1983 年后就已大于 1000km²，见表 9.14。

表 9.14　　　　　　　　常州市地下水开采量及水位埋深统计表

年份	累积开采量 /亿 m³	日开采量 /万 m³	开采井数 /个	中心城区水 位埋深/m	水位降落漏斗 面积/km²
1981	11.77	28.0	369	64.43	1000
1982	12.01	20.3	370	65.26	
1983	12.84	22.7	377	76.61	＞1000
1984	13.60	20.69	376	68.57	＞1000
1985	14.37	20.97	376	68.09	＞1000
1986	15.11	20.42	372	67.34	＞1000
1987	15.89	21.23	394	67.93	＞1000
1988	16.71	22.32	397	69.82	＞1000
1989	17.48	25.38	363	71.38	＞1000
1990	18.28	36.15	363	72.25	＞1000

注　表中数据来源于《常州城市建设志》统计表。

3. 控制压缩开采期（1996—2000 年）

　　由于地下水开采量增大，地下水位不断下降，苏州、无锡、常州地区地面沉降问题日趋严峻。1995 年起，江苏省加强了地下水开采管理的力度，严格控制在开采区继续凿建新井，并以市县为单位，制定年度开采计划。在此背景下，常州市也开始重视地面沉降防治问题，不断加强地下水资源的管理和保护，压缩地下水开采量，使地下水开采量得到有效控制，1996 年起地下水开采量逐年下降，由 1996 年的 9428 万 m³ 下降至 2000 年的 5745 万 m³，下降幅度达 40%（图 9.21）。

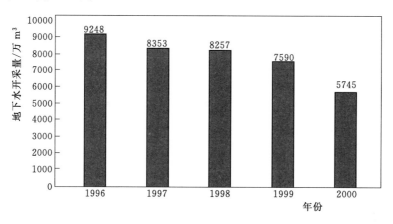

图 9.21 常州市 1996—2000 年地下水开采量
（数据来源：江苏省水文水资源勘测局）

地下水开采量减少，使常州市较大范围的水位降落态势得到了遏制，但区域上已形成的地下水超采局面并未结束；从空间分布上看，区域大型水位漏斗转变为小型漏斗中心，主要集中在马杭及牛塘一带，2000 年地下水位埋深分别为 70m 和 50m。常州市其他地区与 80 年代相比较，地下水水位出现回升或基本保持不变。

4. 限期禁止开采期（2001—2014 年）

江苏省 2000 年出台的《关于〈在苏锡常地区限期禁止开采地下水〉的决定》，要求 2003 年年底前在超采区实现禁止开采地下水；2005 年 12 月 31 日前，苏州、无锡、常州地区全面实现禁止开采地下水。2001—2014 年为常州市禁限采期，常州市自 2000 年起开始实施封井停采计划，2001—2005 年 5 年间封井 933 眼。

常州市 2001—2014 年地下水开采量如图 9.22 所示，由图中所示，自 2000 年开始禁采后，对地下水开采量逐年减少，自 2005 年全面禁止开采地下水后，地下水开采量锐减。2001 年常州市地下水开采量为 4915 万 m³，到 2014 年下降到 400 万 m³，2014 年地下水开采量仅为 2001 年的 8%。在 2001—2014 年间，2010 年地下水开采量最小，仅为 83 万 m³，见表 9.15。

常州市禁限采期间地下水位普遍回升，平均埋深由 2001 年的 50m（图 9.23）升至 2010 年的 42m（图 9.24）。北部沿江地区受长江水补给，并未有太大变化，魏村—圩塘一带水位埋深仍保持在 10m 左右。东北部的郑陆、东青，

表 9.15　　　　　　　常州市禁采地下水封井及开采量汇总表

地区	2000年总数/个	封井个数/个					2000年开采总量/(万 m³/年)	开采量/(万 m³/年)				
		2001年	2002年	2003年	2004年	2005年		2001年	2002年	2003年	2004年	2005年
市区	445	150	140	155	9	7	4245	2900	2100	1100	260	193
武进区	488	137	120	156	22	9	2499	1860	1350	800	375	110
新北区				10								
小计	933	287	260	321	31	16	6744	4760	3450	1900	635	303

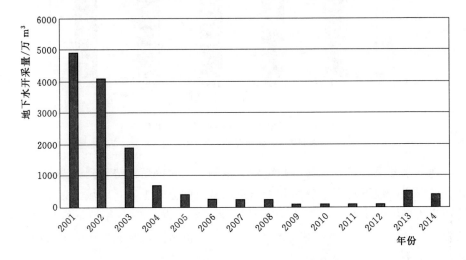

图 9.22　常州市 2001—2014 年地下水开采量

中部的马杭、牛塘一带水位也上升了 10m。南部及东部地区地下水位恢复相对缓慢，其中漕桥、戴溪等乡镇地下水位一直处于波动状态，没有明显回升，局部还出现下降。地下水位降落漏斗中心位置没有改变，漏斗中心地下水埋深上升了 10m。2014 年《江苏省地下水监测年报》中显示，2014 年第 I 承压含水层平均水位埋深为 7.75m，最大埋深为 13.26m；第 II 承压含水层平均水位埋深为 29.01m，最大埋深为 47.82m，漏斗面积为 240km²，中心位置为武进区。

　　总体而言，常州市 20 世纪 60 年代开始开采深层地下水，到 70 年代末期（1979 年）累计开采量高达 9.232 亿 m³，80 年代以后地下水大量开采，1995 年累计开采量达到 65.8 亿 m³。2000 年随着常州市深井的逐步填封，2000 年全年深层地下水实际开采量达 5745 万 m³，到 2013 年全年深层地下水实际开采总量已下降到 84 万 m³。

　　地下水位随着开采量发生变动，1960 年中心城区累积水位埋深为 12.8m，1970 年为 26.6 m，1979 年下降至 58m，1990 年常州市第 II 承压水水位埋深

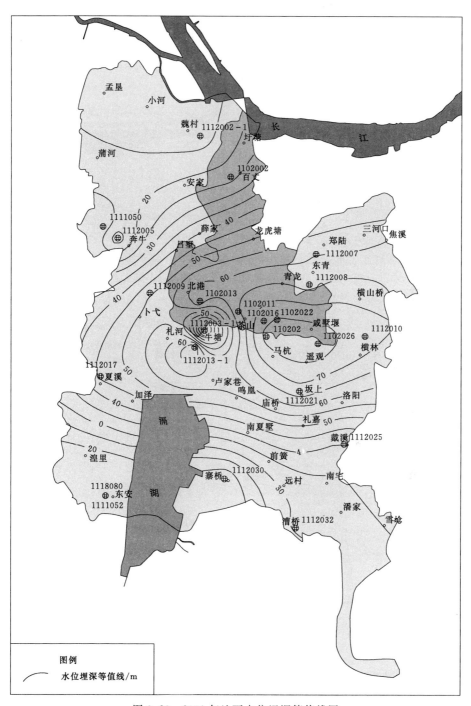

图 9.23 2001 年地下水位埋深等值线图

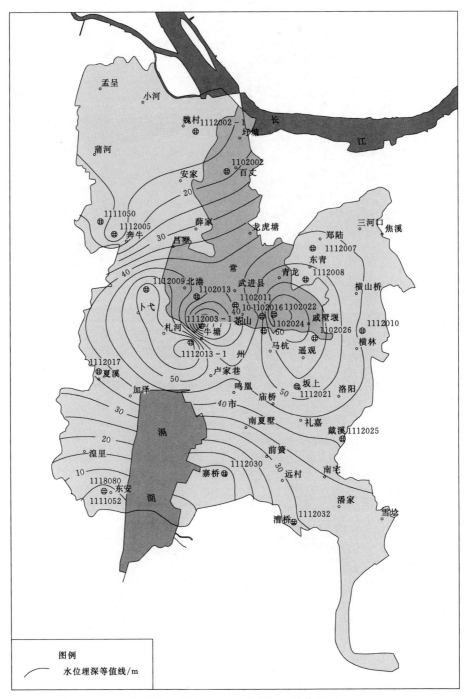

图 9.24　2010 年地下水位埋深等值线图

平均为 65m，中心城区累计水位埋深降至 72.25m。地下水禁采后，2000 年第 Ⅱ 承压含水层最大埋深为 50m，2010 年上升至 42m，2014 年第 Ⅱ 承压含水层最大埋深为 47.82m。

地下水位下降形成了区域水位降落漏斗，1970 年水位降落漏斗近 100km²，1979 年水位降落漏斗向外扩展至 246km²，1983 年后就已大于 1000km²；禁采后，常州市较大范围的水位降落态势得到了遏制，区域大型水位漏斗转变为小型漏斗中心，主要集中在马杭及牛塘一带，2014 年漏斗面积减小至 240km²，中心位置为武进区。

9.2.2.2　地下水监测

为研究常州地区地下水动态变化，本次选取 23 眼长期动态监测井（21 眼为 Ⅱ 承压井、1 眼为 Ⅰ 承压井、1 眼为潜水井）资料进行分析，监测井详细信息见表 9.16。

表 9.16　　　　　　　　　常州地区地下水监测点信息表

监测井编码	监测井位置	经度/(″)	纬度/(″)	监测层位
1112002 - 1	魏村新华村母子圩	482433	3884070	Ⅱ
1112003 - 1	安家服装厂	468020	3880256	Ⅱ
1102002	百丈自来水厂	479493	3888531	Ⅱ
1102011	自来水公司东厂	469553	3886720	Ⅱ
1102013	三角场 2 号井	470188	3880182	Ⅱ
1102016	黑牡丹色织公司	468762	3891095	Ⅱ
1102022	塑编总厂	468909	3893265	Ⅱ
1102024	老三集团	467672	3891131	Ⅱ
1102026	戚墅堰老水厂	467163	3899855	Ⅱ
1112005	九里镇古庄村	474669	3867017	Ⅱ
1112007	郑陆镇陈家头 34 号	473872	3901799	Ⅱ
1112008	东青镇文化宫	471536	3899704	Ⅱ
1112009	邹区医疗器械厂	470662	3871490	Ⅱ
1112010	崔桥浴室	467739	3908556	Ⅱ
1112013 - 1	牛塘精达电器厂	466787	3878126	Ⅱ
1112017	夏溪自来水厂	464514	3860865	Ⅱ
1112021	坂上自来水厂	463599	3895616	Ⅱ
1112025	戴溪前石场 40 号	459645	3902273	Ⅱ
1112030	寨桥风机厂	457171	3880590	Ⅱ
1112032	漕桥海洋生物化工厂	453503	3891560	Ⅱ

续表

监测井编码	监测井位置	经度/(″)	纬度/(″)	监测层位
1111050	九里农机厂	475588	3864819	I
1111052	东安镇东	455761	3858958	I
1118080	东安镇政府对面	455761	3858958	潜水

9.2.3　地面沉降发育历史

9.2.3.1　地面沉降发展阶段

常州市地面沉降地质灾害已有近 40 年的历史，按照地面沉降发现及发育程度大致分为 4 个阶段：初始阶段（1975 年以前）、发展阶段（1976—1994年）、延续阶段（1995—2000 年）、恢复阶段（2001—2014 年）。

1. 初始阶段（1975 年以前）

20 世纪 70 年代中期，日均开采量就已达 20 万 m³ 以上，主采层第 II 承压水位逐年下降，地下水位埋深小于 40m，并在常州市区范围内最早形成区域水位降落漏斗，地面沉降虽已发展，但不为人们所察觉。

2. 发展阶段（1976—1994 年）

常州市在 1979 年在进行城市水工环综合勘察中，曾对市区内 175 家单位的深井进行调查，发现部分井管出现倾斜、上升等迹象，表明该时期，常州市市区已经开始发生地面沉降现象。80 年代常州市区进行了等水准测量结果进一步证实了常州已经发生地面沉降的事实。

据江苏省《地面沉降与地裂缝调查研究报告》，1979 年 5 月至 1983 年 10月，常州市沉降区面积已超过 200km²，平均累计沉降量为 286.34mm，年均沉降量为 59.63mm，最大超过 100mm。1983 年常州市沉降中心最大沉降量达 512.49mm（常州市东方印染厂），并形成以东方印染厂、东郊公园、常州化工厂、邮电新村为中心的 4 个小沉降中心，市区平均沉降量为 268.34mm。随后的 10 年里，常州市地面沉降速率一直保持在 40～50mm/年的水平，致使沉降区范围不断向东南扩大，小的沉降区渐渐连成一片，1991 年累计沉降量超过 200mm的范围达到戚墅堰、横林一带。至 1993 年，累计最大沉降量已超过 1000mm。常州地面沉降表见表 9.17，常州市地面沉降及累计沉降量图见图 9.25。

表 9.17　　　　　常州市地面沉降表（1976—1994 年）

年份	1976—1979	1984	1985	1986	1987	1988	1989—1993	1994
年均沉降量/(mm/年)	78～83	69.70	48.8	46.28	42.12	50.23	54	41.00

注　1989—1993 年的年沉降量为年均沉降量。

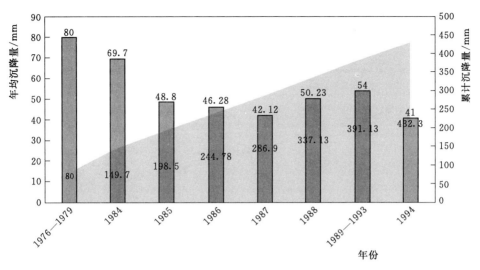

图 9.25　常州市地面沉降及累计沉降量图

（数据来源：《地面沉降与地裂缝调查研究报告》，江苏）

3. 延续阶段（1995—2000 年）

1995 年以后，随着江苏省对地下水开采管理力度的加大，常州市地下水开采量开始压缩，地下水位下降趋势得到控制。由于常州市地下水位过低，导致补给过程缓慢，因此常州市水位恢复过程时间较长。在这一过程中，常州市地面沉降趋势虽然得到一定程度的抑制，但仍处于延续沉降阶段。

1995—2000 年期间，常州市年均沉降量为 37mm。其中，市区平均沉降量为 23mm，徐窑至丁堰一带为 49mm，戚墅堰至前场一带为 46mm，湖塘镇为 31mm。以清凉小学地面沉降监测成果为例（图 9.26），1983 年建标前 I 等水准测量结果表明该处已产生沉降量 558mm。建标后，1985—2000 年期间又发生 588mm 的沉降量，该处的总沉降量已达 1146mm。其中，1995 年地面沉降速率为 40～50mm/年，1998 年降至 20～30mm/年之间，2000 年减少至 15mm/年。

4. 恢复阶段（2001—2014 年）

2000 年 8 月地下水禁采工作实施以后，常州市地下水水位下降趋势得到了有效控制并出现回升态势，地面沉降速率减缓（图 9.27）。地面沉降分布格局发生了变化，原来区域性的沉降已转化为局部沉降，由于常州市各地的地下水位恢复情况、地层岩性结构、水文地质条件各不相同，所以常州市地面沉降的恢复在空间上呈现出不同特征，根据地面沉降发生发展和恢复程度的不同，常州市可分为市区、中部、东北部及南部 4 个区域。

2000 年以后，常州市地面沉降中心开始向东南方向转移。禁采初期，城区地面沉降以戚墅堰一带最为严重，平均沉降速率为 25mm/年，市区西部的

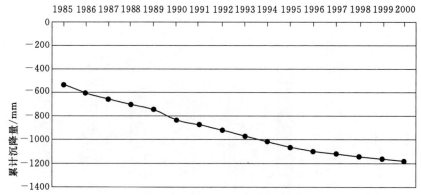

图 9.26　常州市清凉小学累计沉降量

大吴家村一带沉降速率约为 17mm/年，三井以南的市区年平均沉降量在 6mm 左右，龙虎塘以北沉降相对轻微。至 2002 年，常州市区最大沉降量已达 1340mm（常州市东郊公园附近）；至 2003 年，常州市老城区—戚墅堰—无锡市边界地面累计沉降量大于 1000mm 的区域面积约为 102.33km²，累计地面沉降量大于 800mm 的区域面积约为 218.23km²，累计沉降量超过 200mm 的区域包括西部夏溪—卜弋—汤庄—龙虎塘—三河口一线东南部大部分平原区，分布面积约为 830.75km²。市区和武进东南部分乡镇区地面沉降比较严重，在市国棉一厂和湖塘镇以东较大范围内的累计沉降量均已超过 1000mm。2004 年以后，除城东雕庄一带沉降速率略高外，主城区内及西部地面沉降已有效遏制，2007 年，城中及城西片区地面沉降基本停止（图 9.28）。

与城区地面沉降逐年减缓的趋势不同，常州市市区、南部及东部的沉降情况各有不同。禁采初期（1999—2000 年），牛塘地区沉降量为 56mm，遥观、横林地区地面沉降量为 20mm 左右，南部和东部地区已形成新的沉降漏斗区。根据 2006—2010 年地面沉降监测数据显示，南部和东部的卜弋—邹区—西林—湖塘南—遥观南—横林一线以南大部分区域地面沉降现象依然存在，从 2005 年后，常州市地面沉降量逐渐减小，2009 年以后沉降基本停止，部分监测点显示地面有反弹。但鸣凰、礼嘉镇、南夏墅镇、潘家镇等区域地面沉降的变化趋势仍较大。常州市 2010 年地面沉降等值线见图 9.29。

常州市 1975 年以前为地面沉降初始阶段，不为人们所察觉；1976—1994 年为地面沉降发展的阶段，地面沉降量急剧增大，并形成区域性的沉降漏斗，常州市区为沉降中心。1995—2000 年为地面沉降延续阶段，随着地下水压缩开采，水位埋深逐步回升，地面沉降趋势虽然得到抑制，但仍处

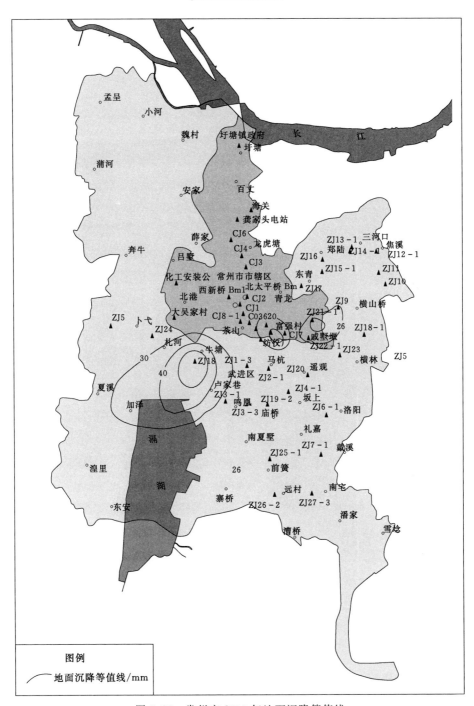

图 9.27 常州市 2000 年地面沉降等值线

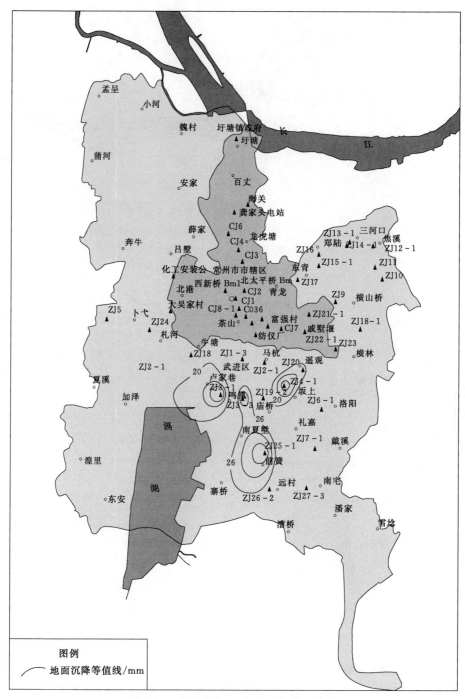

图 9.28 常州市 2007 年地面沉降等值线

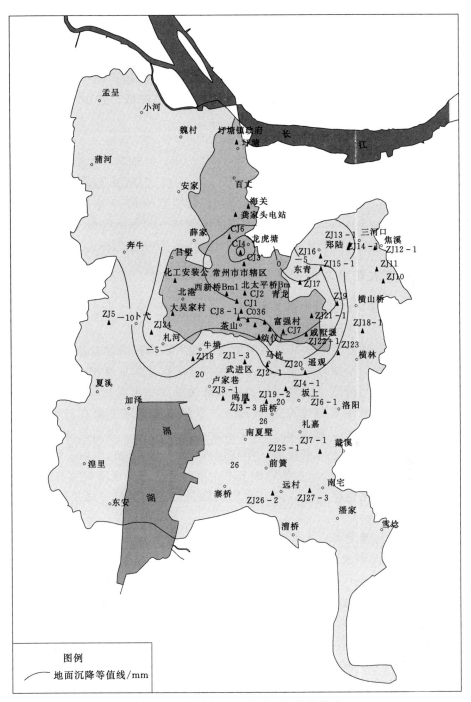

图 9.29 常州市 2010 年地面沉降等值线

于延续沉降阶段，但沉降速率逐年减缓。2001—2014 年为地面沉降恢复阶段，地面沉降分布格局发生了变化，市区地面沉降虽然在禁采初期仍在继续下降，到 2007 年基本停止；中部地区地下水禁采对地面沉降的响应在 2006 年开始显现，并在 2009 年后止降反弹；东北部地区地面沉降不明显，到 2007 年基本停止；南部地区在禁采后沉降速率明显降低，到 2008 年沉降趋势基本得到遏制。

9.2.3.2　沉降监测点分布

常州市地面沉降地质灾害已有近 40 年的历史，对地面沉降的监测、研究及防治工作从 20 世纪 80 年代初期至今从未停止过。常州市目前共有地面沉降监测点 80 多个，本研究从中选取时间序列比较完整的 57 个地面沉降监测点。原江苏省地矿部门于 1983 年在常州市清凉小学建立起第一座分层标组，开始进行地面沉降监测，后来又建立清凉小学基岩标、马杭基岩标。

9.2.4　地下水开采与地面沉降关系研究

9.2.4.1　开采量与地面沉降的关系

1. 开采量与沉降量变化的规律

地面沉降量随着地下水开采量的增加而增大，当开采量减小后，沉降量也从上升趋势变为平缓，地面沉降速率也与地下水开采量有相关性。由常州市地下水开采量与清凉小学分层标地面沉降关系图中可看出，20 世纪 80 年代前，地下水开采主要集中在常州城区，因此地面沉降主要在城市地区发生。80—90 年代中期，随着地下水开采量的迅速增加，地面沉降的发展严重，累计沉降量的变化斜率较大，年均沉降量也达到峰值。随着 90 年代中期地下水压缩开采以及 2000 年后地下水全面禁采，地面沉降得到有效控制，累计沉降量的变化速率放缓，同时年均沉降量也逐年下降。详见图 9.30 和图 9.31。

2. 区域上沉降量与地下水开采量关系

以常州市 57 眼地面沉降监测点年沉降量的均值，作为常州市地面沉降量，以 2001 年为沉降累计初始年，分析 2001—2010 年常州市地面累计沉降量和地下水开采量的响应关系。通过对相关方程的分析，最终采用对数曲线拟合，拟合曲线如图 9.32 所示。

由模型汇总表可以看出，两者的相关系数为 0.849，调整后的相关系数为 0.803，说明地面沉降与地下水开采之间关系密切。从回归模型的方差分析（ANOVA）的检验结果来看，显著性水平（Sig）为 0.000，小于 0.05，说明该模型整体是显著的，用对数曲线拟合模型可靠。得到拟合的地面沉降与地下水开采量的关系式为

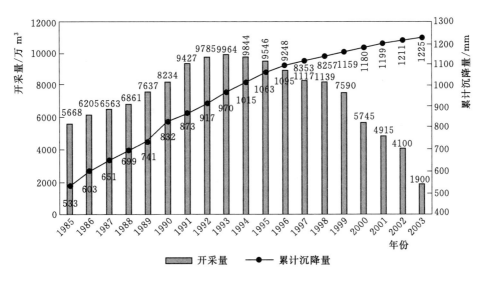

图 9.30 常州市地下水开采量与清凉小学分层标累计沉降量关系图

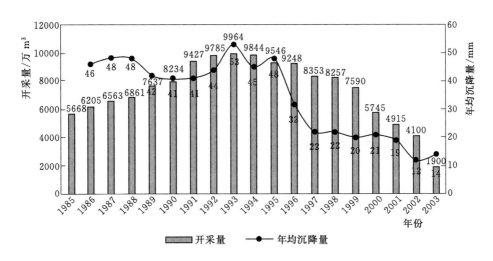

图 9.31 常州地下水开采量与清凉小学分层标年地面沉降关系图

$$S = -10.38\ln Q + 114.40 \tag{9.1}$$

式中 S——累计沉降，mm；

Q——常州市地下水开采量，万 m^3。

3. 典型点沉降量与地下水开采量的关系

以常州市区的清凉小学分层标 1985—2000 年数据为例（以 1985 年为沉降累计初始年），分析地面沉降与地下水开采量的响应关系。采用对数曲线拟合。拟合曲线如图 9.33 所示。拟合效果较好，相关系数为 0.827，说明

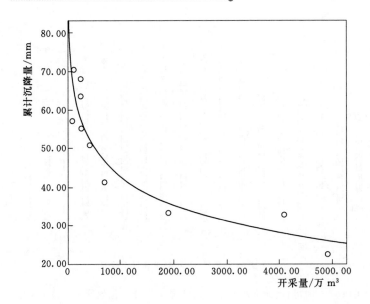

图 9.32　2001—2010 年常州市地面沉降与地下水开采量的相关关系

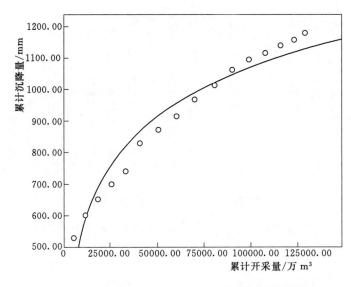

图 9.33　1985—2000 年清凉小学地面沉降与累计地下水开采量相关关系

地面沉降与地下水开采之间关系密切。拟合得到的地面沉降与地下水开采量
的关系式为

$$S = 226.55\ln Q - 1537.1$$

式中 S——累计沉降量，mm；

　　　 Q——常州市地下水开采量，万 m^3。

9.2.4.2　地下水位与地面沉降的关系

1. 地下水位降落漏斗与地面沉降的分布

常州市 1980 年、2000 年、2010 年地面沉降与地下水埋深等值线图如图 9.34～图 9.36 所示。从图中可以看出，地下水开采和地面沉降在时间上和空间上的相关性和一致性，即地下水降落漏斗和地面沉降分布的形态基本吻合。沉降中心位于地下水埋深 40m 线以内。

20 世纪 80 年代，常州市区地下水开采严重，市区降落漏斗中心地下水埋深维持在 72.78～75.71m，在这期间，地面沉降发展，市区为沉降中心。1984—1991 年区域内地面保持 40～50mm/年的高速下沉，沉降洼地成漏斗状，等值线显示形态与主采层（Ⅱ承压）水位降落漏斗相似。随着城区对地下水开采的严格限制，水位降落漏斗逐渐向南部转移。2000 年，牛塘镇、卢家巷等沿湖地区成为新的沉降漏斗区，牛塘镇地下水埋深为 50～60m，戚墅堰一带地下水埋深为 50m 左右。2010 年，常州市地下水埋深普遍较 2000 年抬升，地面沉降基本得到遏制，如图 9.37 所示。

对比清凉小学地面沉降分层标历年第Ⅱ承压水位与累计沉降趋势，不难发现地面沉降量与地下水位埋深之间存在着正相关的关系（图 9.38）。

2. 区域上地下水位与沉降量的关系

选取 2001—2010 年常州市年均地面沉降与第Ⅱ承压含水层地下水位分析地面沉降与地下水位的响应关系，其中，以地面沉降监测点均值作为常州市地面沉降量，以所选地下水监测井均值作为常州市地下水位值。采用二次曲线拟合，拟合效果较好，相关系数为 0.964，拟合曲线如图 9.39 所示。说明地面沉降与地下水位之间关系密切。拟合得到的地面沉降与地下水开采量的关系式为

$$S = -1.0196h^2 + 84.805h - 1695.7$$

式中 S——累计沉降量，mm；

　　　 H——第Ⅱ承压含水层水位埋深，m。

3. 典型点地下水位与沉降量的关系

以常州清凉山基岩标为例，采用 SPSS 软件通过对地下水位及地面沉降监测资料定量分析地面沉降与地下水位的相关关系，其中，以清凉小学地面沉降量作为常州市市区地面沉降，以位于常州市市区的地下水监测井平均水位作为常州市市区的水位。以清凉山水位埋深 h 作为自变量，沉降量 S 作为因变量，经过回归分析，并通过 F 检验和 t 检验，确立变量间为指数关系，回归方程如下式

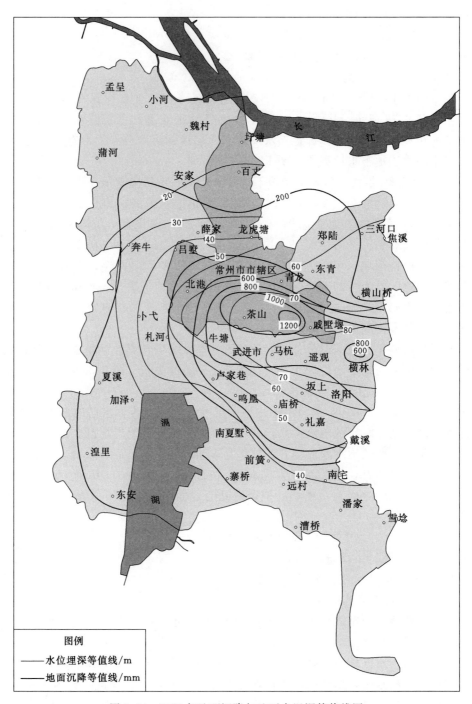

图 9.34　1980 年地面沉降与地下水埋深等值线图

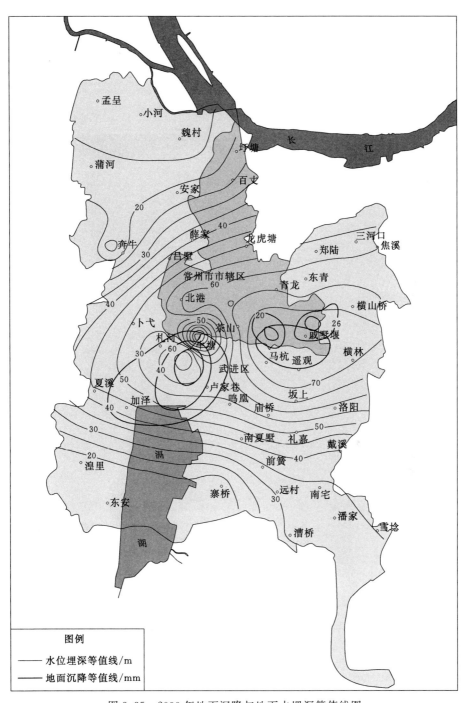

图 9.35　2000 年地面沉降与地下水埋深等值线图

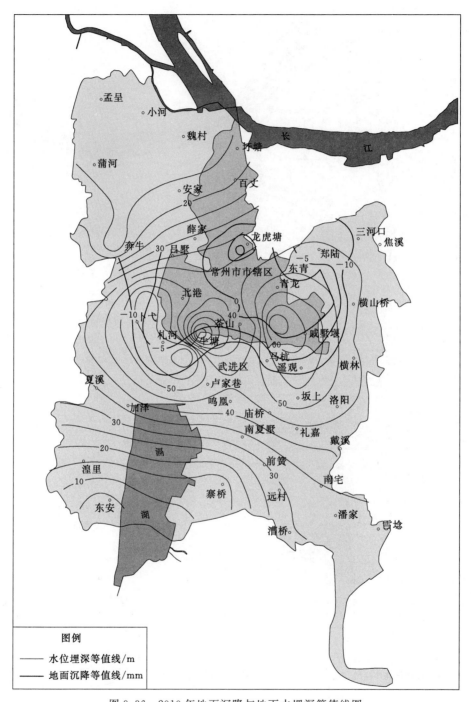

图 9.36 2010 年地面沉降与地下水埋深等值线图

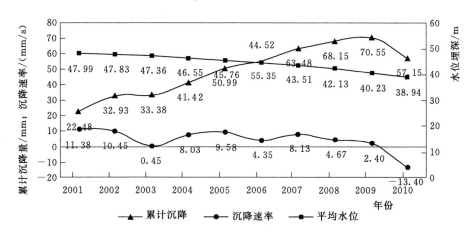

图 9.37　2001—2010 年常州市地下水位与累计沉降量及沉降速率关系图

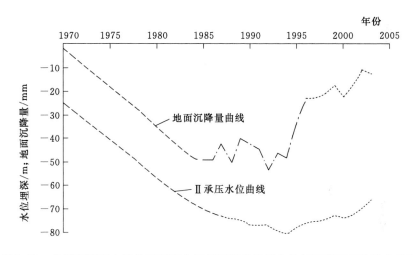

图 9.38　常州市清凉小学地面沉降分层标历年Ⅱ承压水位与沉降速率关系曲线图

（资料来源：缪晓图，2007）

$$S = 31.98\, e^{0.0451h}$$

式中　S——累计沉降量，mm；

　　　h——第Ⅱ承压含水层水位埋深，m。

变量间的拟合关系曲线如图 9.40 所示。相关系数为 0.98，表明相关度较高、拟合结果较好。

选取 2001—2010 年常州市东北部地面沉降与第Ⅱ承压含水层地下水位分析地面沉降与地下水位的响应关系。采用二次曲线拟合，拟合曲线如图 9.41 所示。拟合相关系数为 0.936，得到的地面沉降与地下水开采量的关系式为：

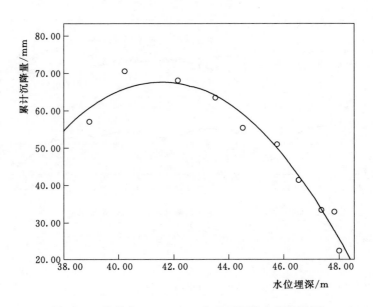

图 9.39　常州市 2001—2010 年地面沉降与第 Ⅱ 承压
含水层水位埋深相关关系

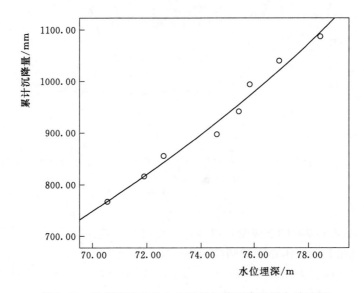

图 9.40　常州清凉小学水位埋深与其沉降量拟合关系图

$$S = -0.2694h^2 + 31.513h - 880.58$$

式中　S——累计沉降量，mm；

　　　h——第 Ⅱ 承压含水层水位埋深，m。

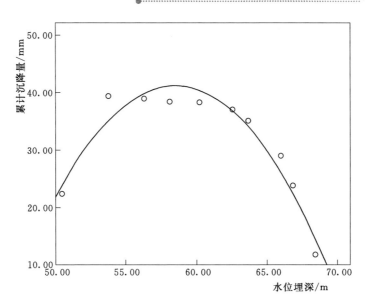

图 9.41　常州市东北部地区 2001—2010 年地面沉降水位埋深相关关系

9.2.5　地下水水位控制

以常州清凉山基岩标为例，采用 SPSS 软件通过对地下水位及地面沉降监测资料定量分析得出禁采水位。

以清凉山水位埋深 h 作为自变量，沉降量 S 作为因变量，经过回归分析，并通过 F 检验和 t 检验，确立变量间为指数关系，回归方程如下式：

$$S = 31.98e^{0.05h}$$

式中　S——累计沉降量，mm；

　　　h——第 Ⅱ 承压含水层水位埋深，m。

考虑到地面沉降的滞后作用（据清凉山小学监测，自 1995 年起水位逐步回升，但地面沉降仍在继续，直到 2004 年才趋于稳定，水位回升后继续产生的沉降量约占到 1995 年回升时累计沉降量的 25%），计算得到的沉降值再加上 25% 为对应水位下的沉降值，以累计地面沉降量控制在 400mm 计，则水位埋深应控制在 50m。由于常州清凉山自 1984 年才开始地面沉降监测，当时已有一定的沉降初值（已有研究以 558mm 计），所以对应水位下的沉降监测值较实际已产生的沉降值要小，从而导致同一水位埋深条件下分析得到的沉降值较小，常州市清凉山小学水位埋深与地面沉降变化图见图 9.42。

根据常州市的研究成果，常州市的临界水位埋深为 35~40m。地面沉降临界水位的存在对科学合理地开发地下水资源和保护地质环境具有十分重要的意义，说明地下水开发引起的水位下降只要不超过临界水位，就不会出现明显的

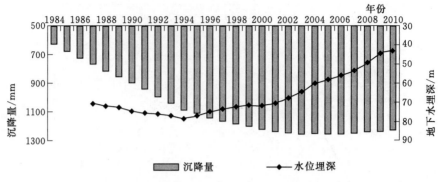

图 9.42　常州清凉山小学水位埋深与地面沉降变化图

（资料来源：方瑞，2013）

地面沉降问题，这也表明只要保持地下水资源的相对平衡，不过量开采地下水，保持地下水位在地面沉降临界水位之上，地下水资源开发利用就不会产生明显的地面沉降问题。

9.3　海水入侵区案例

海水入侵是滨海地区最特别的环境地质问题，其中位于胶东半岛的烟台市在海水入侵治理方面则很具有代表性。烟台市北临渤海、黄海，是环渤海经济区的重要城市和山东改革开放的重点地市，也是山东省和沿黄流域的主要出海口岸之一。自 20 世纪 80 年代以来，随着经济的快速发展，工农业及生活用水量逐年增加，烟台市不断加大对地下水的开发利用，地下水开采量急剧增加，进而引发了较为突出的海水入侵问题。为此，烟台市在近年积极开展海水入侵治理工作，并取得了初步成效。

9.3.1　研究区概况

9.3.1.1　自然地理概况

1. 地理位置

烟台市地处山东半岛中部，位于东经 $119°34'\sim121°57'$，北纬 $36°16'\sim38°23'$。东连威海，西接潍坊，西南与青岛毗邻，北临渤海、黄海，与辽东半岛对峙，并与大连市隔海相望，共同形成拱卫首都北京的海上门户。全市土地面积 $13746.4km^2$，东西最大横距 214km，南北最大纵距 130km。全市海岸线总长 702.5km。

2. 地形地貌

烟台市中部地区为低山丘陵，整个丘陵地带横贯东西，并形成南北分水岭。南北沿海多为平原，河流呈非字形南北分流入海。域内有罗山、艾山、大泽山、牙山、昆嵛山等山脉，形成横亘东西的脊梁，其中最高位昆嵛山，海拔922.8m。平原洼地面积1796.1km²，占13.1%，主要有莱龙平原和海莱平原；山丘区面积11950.3km²，占86.9%。

3. 水文气象

烟台市地处中纬度，属暖温带季风型大陆性气候，是我国少数几个北面临海的城市之一。受海洋调节作用的影响，呈明显的海洋性气候特征，具有空气湿润、冬暖夏凉、气候温和等特点；多年平均气温为11~12.5℃，7—8月最高，达25℃左右；1月最低，内陆地区达－4℃，沿海一般－2℃左右，年温差较小。区内1956—2000年多年平均降水量为680.8mm，丰枯变化悬殊，连丰连枯经常出现，时空分布极不均匀。多年平均陆地水面蒸发量为1149.4mm。

4. 河流水系

区内河网较发达，共有大小河流4320条，平均河网密度0.3km/km²。长度在5km以上的河流有121条，其中流域面积在300km²以上的河流有东五龙河、大沽河、大沽夹河、王河、界河、黄水河和辛安河共7条。主要河流以绵亘东西的昆嵛山、牙山、艾山、罗山、大泽山所形成的"胶东屋脊"为分水岭，南北分流入海。向南流入黄海的有五龙河、大沽河；向北流入黄海的有大沽夹河和辛安河；流入渤海的有黄水河、界河和王河。其特点是：河床比降大，源短流急，暴涨暴落，属季风雨源型河流。

5. 水文地质

烟台市在区域地质构造上位于胶东隆起区，隶属新华夏系巨型第二隆起带，次一级单元为胶北隆起及胶莱坳陷。区内水文地质条件与区域地质构造及地形、地貌条件有明显的相似性。区域内广布太古界～元古界古老变质岩系，缺失古生界底层。中生界侏罗系、白垩系陆相碎屑沉积分布于莱阳等断陷盆地，第四系松散沉积物主要分布于河谷及山前平原。区内构造体系主要分为两组：一组近东西向，是以褶皱为主、规模宏大的强烈构造带，为胶东地区古老的构造型式；一组为北东向，又可分为华夏系构造带和新华夏系构造带，多表现为深大断裂。另外，区内还分布有南北向构造和北西向构造等，在西北部地区还分布有龙口—莱州等弧形断裂构造带。

区域内地下水的埋藏与赋存条件主要受地形地貌、地质构造及岩性条件控制，其流向与地表水基本一致。按含水层空隙性质，可将地下水分为孔隙水、裂隙水和岩溶水3种类型。孔隙水主要分布在滨海平原及山间河谷平原，单井出水量一般大于30m³/h，有些地区可达100m³/h，为烟台市工农业生产和生活用水的重要供水水源。裂隙水主要以风化裂隙潜水为主，局部构造裂隙承压水发育，其富水性与裂隙的发育程度、岩石类型、岩层厚度有关。单井出水量一般大于 $30m^3/h$，适宜农村分散供水。地下水埋藏较浅，一般为 $3\sim10m$，随着地形起伏呈断续不统一的水面，呈散流状态随地形倾向和裂隙延伸情况向低洼处或河谷运动，具有降水补给、浅部循环、短途排泄的特征。区域内缺失古生界石灰岩地层，故岩溶水较少，仅在局部地区分布，一般为承压水，水量较为丰富，单井出水量可达 $40m^3/h$ 以上。

9.3.1.2　社会经济概况

1. 行政区划及人口

烟台市辖 6 个区、7 个县级市和 1 个县，即芝罘区、福山区、牟平区、莱山区、经济技术开发区和高新技术开发区 6 个区，龙口、莱阳、莱州、蓬莱、招远、栖霞、海阳 7 个县级市和长岛县。2008 年末全市户籍户数为 237.02 万户，人口为 651.69 万人，人口增长 0.03%，其中市区人口 179.39 万人。

2. 经济发展

2008 年全年实现地区生产总值为 3701.5 亿元，人均 GDP 达到 56798 元（按现价汇率折算为 8310 美元）。其中：第一产业实现增加值 275.4 亿元，第二产业实现增加值 2191.4 亿元，第三产业实现增加值 1234.7 亿元，三大产业结构为 7.44∶59.20∶33.36。城市居民人均可支配收入 19350 元，年增长 15.4%；全年农民人均纯收入达 7935 元，年增长 13.7%。

9.3.1.3　水资源开发利用概况

1. 水资源开发利用现状

根据 1956—2000 年水文系列资料计算，烟台市多年平均水资源总量为 320346 万 m^3。其中，多年平均地表水资源量为 247839 万 m^3，多年平均地下水资源量为 136367 万 m^3，地表水、地下水重复计算量为 63680 万 m^3。全市多年平均水资源可利用总量为 183177 万 m^3。其中，多年平均地表水资源可利用总量为 110303 万 m^3，多年平均地下水资源可开采总量为 87450 万 m^3，地表水可利用量与地下水可开采量之间的重复计算量为 14576 万 m^3。2008 年，全市已建成水库塘坝 1100 座，总库容 174346 万 m^3，机电井 5.5 万眼。水利工程年设计供水能力 164461 万 m^3，年实际供水能力为 133538 万 m^3。

2. 地下水开发利用现状

根据 1980—2000 年水文系列资料计算，烟台市多年平均地下水资源量（矿化度不大于 $2g/L$）为 126699 万 m^3，多年平均地下水资源量模数为 9.41 万 m^3/km^2。其中，山丘区为 100357 万 m^3，平原区为 32027 万 m^3，重复计算量为 5686 万 m^3。

烟台市地下水开发利用有悠久的历史，但大量开发利用是在 1973 年北方抗旱打井会议以后，随着大规模机井建设的发展而迅速发展起来的。进入 80 年代后，全市国民经济迅猛发展，地下水的开采量日益增加。据 1985—2008 年地下水取水量调查统计，全市年均地下水开采量为 73558 万 m³，占总取水量的 64.26％，地下水开发利用率为 84.11％。2008 年，全市机电井总数已增加到 5.5 万眼，1980—2008 年全市机电井净增加 2.7 万眼，年均递增约 965 眼。2008 年全市地下水开采量为 45744 万 m³，其中，浅层地下水开采量为 43536 万 m³，深层地下水开采量为 1863 万 m³，微咸水开采量为 345 万 m³。烟台市历年地下水开采量如图 9.43 所示。

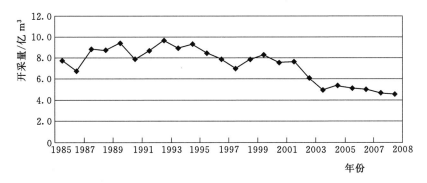

图 9.43　烟台市历年地下水开采量

3. 地下水分布特征及水位变化分析

由于受水文气象、水文地质和人类活动等因素的综合影响，各地分布不均，其分布的总趋势是：平原区大于山丘区，岩溶山区大于一般山区。平原区地下水多为孔隙水，除受大气降水补给外，还受山前侧渗的地表水渗漏补给，加之第四系覆盖层相对较厚，储存条件较好，与山丘区相比为地下水富集地段。

根据烟台市 1987—2008 年地下水位监测统计资料分析，地下水位呈周期性的变化，每年 5 月水位最低，之后，汛期降水增加，地下水位逐渐上升，到 10 月达到最高水位，平均变幅在 0.4～1.2m 左右。烟台市历年地下水埋深变化情况如图 9.44 所示。

9.3.2　海水入侵调查分析

1. 海水入侵问题调查

烟台市的海水入侵现象最早发现于 1977 年，此时的海水入侵主要是在自然地理条件下造成的，入侵面积分布在入海河口、近海洼地盐碱地、海湾以及海岸感潮带上。经对历史资料进行查对换算，当时的海水入侵面积约为

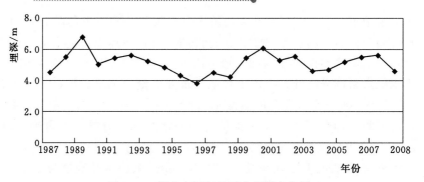

图 9.44　烟台市历年地下水埋深变化图

164.8km²。随着城市发展和粮食主产区农业灌溉水量的大幅增加，莱州、龙口两市因大幅度抽取地下水引起海水入侵现象。烟台市先后于 1992 年和 2002 年组织了两次普查工作，测算得到的海水入侵面积分别为 492.5km² 和 745.8km²，相较于 1977 年的入侵面积均有较大增幅。这两次严重的海水入侵主要是与烟台市连续两次三年大旱有关，由于严重超采地下水度水荒，造成地下水水位急剧下降、加大了海水入侵。2010 年 4 月，烟台市再次组织对全市进行了海水入侵普查工作，根据最新的普查结果显示，烟台市海水入侵面积下降至 599.6km²，相比 2002 年减少了 146.2km²，主要表现为莱州市、龙口市、市区大沽夹河河口平原区的海水入侵面积有一定的缩减。其中，莱州市海水入侵面积减小了 42.0km²，减小比例为 14.1%；龙口市海水入侵面积减小了 22.8km²，减小比例为 22.4%。

　　通过几次海水入侵普查发现，烟台市海水入侵的发展趋势在进入 21 世纪后得到了一定程度的遏制和缓解。这一方面是烟台市近年来采取的海水入侵综合防治措施发挥了重要作用，另一方面是 2003—2010 年烟台市降雨量相对充足（属平水年）。烟台市历次海水入侵面积变化趋势如图 9.45 所示。

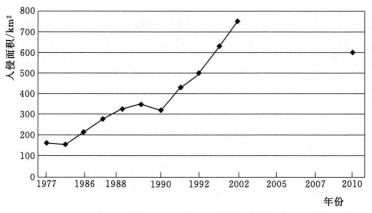

图 9.45　烟台市海水入侵面积变化趋势图

　　从图 9.45 可以看出，自 1977 年烟台市首次出现海水入侵问题以来，随着经济的快速发展，导致地下水开采量激增，加上管理工作力度不够，使海水入侵程度进一步加剧、入侵面积迅速增加。特别是进入 20 世纪 90 年代，烟台市海水入侵问题进一步受到降水条件（遭遇枯水年）、海潮变化以及更强烈的人类活动作用（如超采地下水、调整作物布局、发展滩涂经济、实施河道采砂、修建水库拦蓄地表水）的共同作用，使得海水入侵现象在 20 世纪 90 年代末至 21 世纪初达到了峰值（入侵面积达到 745.8 km^2）。

　　从海水入侵速度来看，1977—1992 年全市入侵速度为 21.8km^2/年；1992—2002 年入侵速度达到 25.3km^2/年；而 2002 年后入侵速度却呈现负增长（为$-18.3km^2$/年）。这与烟台市近年来加大对海水入侵的治理力度和有效控制地下水开采量直接相关。特别是在大沽夹河河口平原区、莱州市沿海和龙口市黄水河河口平原区的防治效果最为明显，据统计莱州市入侵面积减少 42km^2，龙口市入侵面积减少 22.8km^2。

　　2. 典型区海水入侵程度评估

　　以烟台市下辖的莱州市为例，来评价海水入侵程度。莱州市海水入侵区大面积以轻微入侵和轻度入侵为主，少部分为中度入侵，极少部分属重度入侵。全市海水入侵区主要集中为两地区：①自南部沿海地段沿太平庄，向北途经寨里徐家、西洼子、大东庄、大李家至东小宋、虎头崖东，该区沿海南部区域海水入侵现象较为严重，属重度入侵区，北部区域海水入侵程度逐渐减轻，分别属中度、轻度和轻微入侵区；②自朱流，经后趴埠，沿东北方向，经北邓家、海庙姜家，并向东经过小原、碾头继续向北延伸，经朱旺东南、叶家北、朱由、西尹家南，最后向东北方向扩展，途经后邓北、西由、西季、龙埠东至洼曲家，该区入侵程度较为均匀，沿海大面积地区属轻度入侵区，海水入侵区靠近内陆边缘为轻微入侵区，南北两端地区为中度入侵区。

9.3.3　地下水控制水位的确定

　　下面以莱州市海水入侵区作为研究对象，介绍海水入侵区地下水控制水位的划定流程和结果。

9.3.3.1　莱州市地下水位与开采量定量关系构建

　　首先建立莱州市地下水开采量与地下水水位之间的定量关系式。由于在研究区有比较翔实的地下水开采资料，故采用常用的相关分析法来预测两者的变化规律。选取莱州市 11 个监测站点 1984—2009 年以来的地下水水位监测资料，对各监测站点地下水水位的平均值和全市的地下水开采量进行相关性分析。由水位值与开采量的散点分布图（图 9.46）可见，两者数值呈非线性相关关系，可建立的曲线关系式包括指数曲线、对数曲线、二次曲线、三次曲线等近 10 种类型。通过对各种曲线进行拟合分析，可知对数曲线较符合两者的实际情况，拟合情况较好，相关系数 $R=-0.924$，属高度负相关。莱州市平均值地下水水位（H）与全市开采量（Q）的关系方程见式（9.2），两者相关趋势线如图 9.46 所示。由此，在已知开采量数值的情况下，通过所拟合出的地下水位-开采量关系曲线和关系式，即可换算出地下水水位数值。

$$H= -2.91\ln Q + 33.39 \tag{9.2}$$

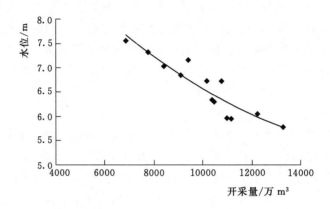

图 9.46 莱州市地下水位与开采量相关趋势线

9.3.3.2 地下水合理水位划定

根据人工神经网络模型建模原理建立起海水入侵预测模型，选取 1980—2008 年莱州市地下水开采量、降雨量、地下水 Cl^- 浓度和海水入侵面积等数据作为样本。先根据实测资料对所建立的网络模型进行反复训练，得出当最大迭代次数取 1000，允许误差取 0.0001，隐含层节点数取 7 时，拟合残差最小为 0.046。再由训练后的模型进行海水入侵程度预测，降雨量取多年平均值 583.79mm，通过输入不同的地下水开采量值，得到相应的 Cl^- 浓度和海水入侵面积数值。然后，根据模型输出的数据，绘制以地下水开采为横坐标，以 Cl^- 浓度和海水入侵面积为纵坐标的关系图（图 9.47）。

由图 9.47 可见，Cl^- 浓度和海水入侵面积在超过 6850 万 m^3 时开始发生明显的变化，而此时 Cl^- 浓度接近 250mg/L、海水入侵面积接近 0，该状态能满足不发生海水入侵的基本条件。最终经模型计算得出，开采量目标阈值为 6850 万 m^3，只要保证规划水平年莱州市地下水开采量值不高于 6850 万 m^3，就可有效预防控制海水入侵的发生。根据地下水水位-水量关系曲线，该开采量值换算成水位值为 7.69m，即合理水位目标值是 7.69m。

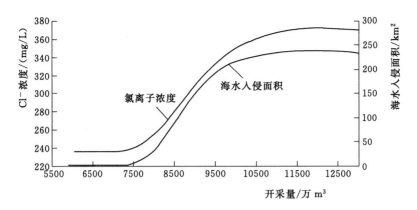

图 9.47　莱州市 Cl⁻ 浓度和海水入侵面积变化曲线图

9.3.3.3　地下水控制水位划定

1. 莱州市水资源供需平衡分析

水资源供需分析是在现状供需分析的基础上，分析规划水平年各种合理抑制需求、有效增加供水、积极保护生态环境的可能措施，组合成规划水平年的多种方案，结合需水预测和供水预测，进行规划水平年各种组合方案的供需水量平衡分析。

开展烟台市水资源供需平衡计算，可识别在不同方案下的水资源供需缺口，为地下水调控方案的编制提供依据。本研究以 2010 年为现状基准年，规划水平年为 2015 年、2020 年并展望 2030 年。在现状供用水分析的基础上，进行了规划水平年的供需水预测及分析。其中：在需水预测中，经济社会发展指标按照《烟台市水资源综合规划》（以下简称《规划》）中确定的发展趋势进行预测，预测结果与《规划》基本一致。需水定额根据《规划》中确定的变化趋势，结合烟台市的供用水实际进行了微调。需水量预测结果与《规划》预测的需水量基本一致；在供水预测中，地表水可供水量、雨水利用量、污水处理回用量、海水利用量均与《规划》中预测的水源可供水量一致，微咸水利用量按照《规划》中的预测原则，保持现状利用量不变，地下水可开采量按照上文预测的地下水开采量阈值和烟台市制定的开采控制量进行预测，与《规划》稍有差别。可供水量预测结果与《规划》预测可供水量基本一致。

在以上预测分析的基础上，基本保持现有节水投入力度和用需水强度变化，进行水资源供需平衡分析，分析得出 2030 年的地下水可开采量为 8952 万 m³，该值大于海水入侵预测模型预测出的合理水位值 6850 万 m³，在这种情况下莱州市的海水入侵问题会进一步恶化，故需要建立水资源调控模型进行调整。

因此，在首次供需平衡分析的基础上，以满足供需、防止其他地质水文灾害发生的地下水开采量最小作为水资源调控的总体目标，运用所研制的水资源调控模型进行水资源优化调配。根据模型调控原则，2015 年有盈余水量 1646 万 m^3，故应减小地下水开采量，使水平年水资源盈余水量最小；2020 年、2030 年缺水，则应在控制需水扩大的前提下，大力使用调配水源和开发利用其他非常规水源，使地下水开采量值相对降低，地下水位恢复上升。在调控模型指标约束下，最终实现莱州市 2030 年地下水开采量值接近海水入侵预测模型预测开采量值的调控目标。表 9.18 仅列出规划水平年 75％保证率下莱州市地下水调控方案。

表 9.18　　　　规划水平年 75％保证率下莱州市供需水分析详表　　　　单位：万 m^3

规划水平年	需 水 量					供 水 量								余缺水量
	生活用水	工业用水	农业用水	生态环境用水	合计	地表水	地下水	外调水	雨水利用	微咸水利用	污水回用	海水利用	合计	
2015	1891	2934	12293	80	17198	5773	8600	1500	75	100	910	240	17198	0
2020	2175	3698	11358	200	17432	6380	7650	1600	90	300	1012	400	17432	0
2030	2716	5344	10687	358	19103	6890	6850	2000	180	750	1563	870	19103	0

2. 警戒、警示、安全水位的划定

根据以上得到的莱州市水资源调控方案和地下水水位-水量关系曲线，可进一步划定莱州市不同水平年的地下水控制水位。由表 9.18 得到的水资源调控方案下的地下水开采量结果，可换算出不同时期的警戒水位值，再依据警示、安全水位的划定原则，便可求出警示水位值和安全水位值。具体划定结果见表 9.19。

表 9.19　　　　　　　莱州市地下水控制水位划定结果

水平年	地下水开采量 /万 m^3	水位预测值 /m	管理控制水位 /m	
2015	8600	7.03	警戒水位值	7.03
			警示水位值	7.33
			安全水位值	8.06
2020	7650	7.37	警戒水位值	7.37
			警示水位值	7.67
			安全水位值	8.41
2030	6850	7.69	警戒水位值	7.69
			警示水位值	7.99
			安全水位值	8.73

对比历史资料发现，莱州市在 20 世纪 70 年代以前未发生海水入侵现象时，平均 Cl^- 浓度约为 238mg/L，该数值接近于海水入侵预测模型预估出合理水位所对应的 Cl^- 浓度 235.8mg/L。经比对，由海水入侵预测模型预估出的合理水位值 7.69m 与 70—80 年代（未发生海水入侵时）的平均水位值 7.17m 也很接近。自 20 世纪 80 年代以来，莱州市不断加大对地下水的开发利用，地下水开采量急剧增加，海水入侵面积也在不断增长，1987 年、1983 年海水入侵面积分别为 100.5m²、11.44m²，直至 1997 年达到了海水入侵面积的最大值。在莱州市供需水分析详表（表 9.19）中，可以看到规划水平年 2015 年、2010 年地下水开采量为 8600 万 m³、7650 万 m³，对应于海水入侵预测模型的海水入侵面积为 90.44m² 和 9.6m²，与 1987 年、1983 年海水入侵面积值较为接近。再比较 1987 年、2015 年与 1983 年、2020 年对应年份的 Cl^- 浓度和水位值，数值接近程度较好，据此可认为本次划定管理控制水位 7.03m、7.37m 作为莱州市地下水位恢复过程中的过渡值也是合理的。

9.4　城市或重大工程沿线案例

9.4.1　陕西省城市水位考核

1. 监测井布设

结合各市地下水监测工作实际，确定陕西省参与城市地下水水位考核的地下水监测井共 127 眼。

2. 水位考核分类

地下水水位考核分为年度考核和考核期考核。年度考核时段为上年度 12 月 1 日起至本年度 11 月 30 日止，以该年度地下水监测单井水位年均值为考核目标，当考核年监测井地下水水位年均值与上一年地下水水位年均值下降幅度不超过 0.5m 时，为合格；否则，计为不合格；对于考核期考核，以考核期前五年或上一考核期地下水监测单井水位均值为考核目标，当考核期监测井地下水水位均值与上一考核期地下水水位均值下降幅度不超过 0.5m 时，为合格；否则，计为不合格。

3. 控制指标计算

以地下水水位达标率作为考核指标，地下水水位监控指标"达标率"即为各市考核区域内地下水水位指标达标的监测井数占参与水位指标考核的地下水水位监测井总数的百分数。

4. 考核标准

（1）沿渭主要城市西安、宝鸡、咸阳、渭南四市城市地下水超采区地下水水位监控指标达标率不低于 90％。

（2）各主要城市城区地下水水位监控指标达标率不低于 80％。

（3）如遇严重干旱年份，区域地下水资源的开发利用以首先满足人民群众生活用水和国民经济发展为目标，地下水水位监控指标不予考核，并按相关区域达标率达标判定。

5. 考核评分办法

（1）各市（区）地下水水位指标考核必须满足水位指标达标率要求，在此条件下，才能得分；不满足达标率要求者，计不合格，得 0 分。

（2）各市（区）所有参与考核的地下水水位监测井水位监测值都达标时，得地下水位指标专项考核分值满分。

（3）在满足城区水位指标达标率的前提下，若参与考核的地下水位监测井水位监测值都达标时，得地下水位指标专项考核分值满分；出现一眼及一眼以上监测井监测值不达标时，按照下面公式计算实际得分：

$$得分值 = \frac{达标井数}{参与考核井总数} \times 专项分值$$

（4）如遇严重干旱年份（降水频率 90％以上），区域地下水资源的开发利用以首先满足人民群众生活用水和国民经济发展为目标，地下水监控指标不予考核，考核得分以按相关区域达标率达标标准计算得分。

9.4.2　高铁沿线地下水控制案例

我国高速铁路许多规划和在建线路，贯穿我国一些主要地下水开采区和地面沉降区，其中部分沉降区是我国地面沉降最为严重的地区。20 世纪 90 年代初，上海、天津、北京、江苏、浙江、河北等 16 省（自治区、直辖市）地面沉降面积约为 48700km²，到 2003 年已达到 93855km²，形成了长江三角洲、华北平原及汾渭断陷盆地等地面沉降灾害严重区。

在高铁规划阶段重视协调高铁建设与地下水开发布局、特别是重要水源地的关系，高速铁路建设应该避开地下水源地一级保护区、二级保护区和准保护区。同时，高铁选线应尽可能绕避地面沉降变形较大的区域，包括地面沉降中心区域、沉降速率大及沉降差异较大的区域。尽量避开了地面沉降最为严重的城市中心区，对于不可避绕的堰桥、查桥地裂缝带，应采取必要的地面沉降控制和监测措施。

已建高速铁路沿线区域地面沉降地下水管理措施，应从技术管理、法制管理、行政管理和经济管理等方面考虑，具体如下：

（1）技术管理，包括制定高铁沿线地面沉降防治规划；先限制、后禁止采用地下水，减缓地面沉降速率；优化地下水开采层位，调整地下水开采布局；人工回灌地下含水层；开源与节流措施；高铁沿线地下水和地面沉降动态监测和预测预警系统研究等。

（2）法制管理，包括应加强地面沉降专业性法规建设，设立专项资金用于研究和防治地面沉降问题；抓紧制定出台高铁沿线地区地下水管理的政策标准，规范地下水开发、利用、保护配置等行为。

（3）行政管理，包括成立控沉办公室或者控沉领导小组；严格地下水开发利用总量控制；严格高铁沿线地下水超采区取水许可管理；依法严格控制深井开凿，全面清理和分类处置现有深井。

（4）经济管理，充分利用经济手段，按照优质优价原则，合理确定高铁沿线地下水水资源费征收标准。

针对地下水开发引发的局部地面不均匀沉降问题，研究了已建高铁沿线保护区划分原则、技术要求和管理措施建议。研究认为：

（1）保护区划定应遵循针对性、政策性、科学性和公正性的原则；对浅层地下水开采的影响范围及所引起的地面沉降量加以估算和分析，影响范围主要是由浅层地下水开采时的影响半径来确定。

（2）在高铁沿线区域，合理限制和调整地下水开采，垂直于铁路线采取不同的地下水禁采、限制和控制开采方案，划分一级保护区（禁采区）、二级保护区（限采区）和三级保护区（控采区）。在一级保护区（禁采区），从总体上，建议有步骤、有计划地减少和禁止地下水开采；有计划地关闭线路附近的原有机井。在二级保护区（限采区）内，建议适当减少地下水开采，不再增加地下水开采；调整井点布局和开采层位或封闭部分取水工程。二级保护区（限采区）内地下水开采的影响半径在一级保护区（禁采区）的边界上。在三级保护区（控采区），建议尽量维持现有地下水开采量和地下水开采模式，禁止新增耗水量大的项目上马，禁止新增集中水源地开采。

9.4.3　地铁沿线地下水控制案例

以北京某地铁降水工程为例，由于地铁线路邻近换乘站，地铁横断面发生变化，不能采用盾构法进行施工，需要降水的线路全长仅约 208m，由于项目位于永定河冲洪扇上部砂卵石含水层分布区，渗透性极好，为降低约 5m 水位，共计施工了 137 眼降水井，2015 年 7 月 30 日实地调研时抽排水量达到约 6.8 万 m^3/d，项目总排水期为一年，累计排水量预计约为 1678.6 万 m^3，而整条地铁线及站点施工降水总抽排水量能达到 2.0 亿 m^3，而北京市 2015 年地下水开采量约为 24.0 亿 m^3。见表 9.20 和表 9.21（数据来源于某地铁线路降水工程设计方案）。

表 9. 20 北京某地铁降水工程设计参数

降水部分	含水层类型	等效半径/m	含水层厚度/m	降深/m	渗透系数/(m/d)	影响半径/m	涌水量/(m³/d)
	潜水	68.91	19.55	6.83	432	1837.99	86309.3

表 9. 21 北京某地铁降水工程降水井主要参数

位置	降水井类型	井径/mm	管井/壁厚/mm	井管类型	滤网/目	井间距/m	滤料/mm	井深/m	井数
A	管井	219	194/4	钢筋滤水管	1层60	6，局部12	3～7	35	27
B	管井	800	360/30	钢筋混凝土管	1层60	6，局部12	3～7	35	32
C	管井	219	194/4	钢管滤水管	1层60	6	3～7	37	21
D	管井	800	360/30	加筋混凝土管	1层60	6	3～7	37	6
E	管井	219	194/4	钢管滤水管	1层60	6	3～7	39	30
F	管井	800	360/30	加筋混凝土管	1层60	6	3～7	39	21

2007 年 11 月北京市建设委员会和北京市水务局联合发布《北京市建设工程施工降水管理办法》（京建科教〔2007〕第 1158 号），主要对施工降水方案进行审查，不需开展水资源论证，但水行政主管部门需征收排水费，但实际执行过程中，按规定交纳费用的项目很少。在《办法》中明确提出限制降水规定：

自 2008 年 3 月 1 日起，北京市所有新开工的工程限制进行施工降水。建设单位或者施工单位应当采用连续墙、护坡桩＋桩间旋喷桩、水泥土桩＋型钢等帷幕隔水方法，隔断地下水进入施工区域。因地下结构、地层及地下水、施工条件和技术等原因，使得采用帷幕隔水方法很难实施或者虽能实施，但增加的工程投资明显不合理的，施工降水方案经过专家评审并通过后，可以采用管井、井点等方法进行施工降水。

采用管井、井点等进行施工降水的工程，施工单位应当安装抽排水计量设施，并按有关规定缴费。施工单位应当按照建设部《城市排水许可管理办法》的规定，申领城市排水许可证。

　　另外，2014 年在北京市简化行政审批过程中，北京市将水资源论证、水土保持和洪水影响评价三项行政审批合并为一项水影响评价审批，与环境影响评价作为建设项目立项的两项前置条件之一，在水土保持部分需对施工降水进行分析、论证，但涉及内容只包括降水方式、影响及利用措施等。

参 考 文 献

［1］ 袁长极. 地下水临界深度的确定 ［J］. 水利学报，1964（3）：52－55.

［2］ 张惠昌. 干旱区地下水生态平衡埋深 ［J］. 勘察科学技术，1992（6）：9－13.

［3］ 郭占荣，刘花台. 西北内陆灌区土壤次生盐渍化与地下水动态调控 ［J］. 农业环境科学学报，2002，21（1）：45－48.

［4］ 张长春，邵景力，李慈君，等. 地下水位生态环境效应及生态环境指标 ［J］. 水文地质工程地质，2003，30（3）：6－10.

［5］ 张长春，邵景力，李慈君，等. 华北平原地下水生态环境水位研究 ［J］. 吉林大学学报（地），2003，33（3）：323－326.

［6］ 张长春，邵景力，李慈君，等. 内陆干旱半干旱盆地地下水生态环境指标研究 ［J］. 湖南科技大学学报（自然科学版），2003，18（1）：24－27.

［7］ 樊自立，马英杰，张宏，等. 塔里木河流域生态地下水位及其合理深度确定 ［J］. 干旱区地理（汉文版），2004，27（1）：8－13.

［8］ 杨泽元，王文科，黄金廷，等. 陕北风沙滩地区生态安全地下水位埋深研究 ［J］. 西北农林科技大学学报（自然科学版），2006，34（8）：67－74.

［9］ 谢新民，柴福鑫，颜勇，等. 地下水控制性关键水位研究初探 ［J］. 地下水，2007，29（6）：47－50.

［10］ 赵辉，陈文芳，崔亚莉. 中国典型地区地下水位对环境的控制作用及阈值研究 ［J］. 地学前缘，2010，17（6）：159－165.

［11］ 施小清，冯志祥，姚炳奎，等. 江苏省地下水水位控制红线划定研究 ［J］. 中国水利，2015（1）：46－49.

［12］ 史人宇，崔亚莉，赵婕，等. 滹沱河地区地下水适宜水位研究 ［J］. 水文地质工程地质，2013，40（2）：36－41.

［13］ Thorburn P. J.，Walker G. R.，Woods P. H. Comparison of diffuse discharge from shallow water tables in soils and salt flats ［J］. J HYDROL，1992，136（1－4）：253－274.

［14］ Prathapar S. A.，Qureshi A. S. Modelling the Effects of Deficit Irrigation on Soil Salinity，Depth to Water Table and Transpiration in Semi－arid Zones with Monsoonal Rains ［J］. INT J WATER RESOUR D，1999，15（15）：141－159.

［15］ Ali R.，Elliott R. L.，Ayars J. E. et al. Soil salinity modeling over shallow water tables. II：application of LEACHC ［J］. Journal of Irrigation & Drainage Engineering，2000，126（4）：223－233.

［16］ Benyamini Y.，Mirlas V.，Marish S. et al. A survey of soil salinity and groundwater level control systems in irrigated fields in the Jezre'el Valley，Israel ［J］. AGR WATER MANAGE，2005，76（3）：181－194.

［17］ 任鸿安. 土壤上层盐渍化的范围与地下水位的关系 ［J］. 土壤学译报，1957（4）.

[18] 熊毅．灌区土壤盐碱化的原因和防治 [J]．科学通报，1960，5（3）：85－87.

[19] 黄荣翰，赖尼基，魏永筑，等．冀鲁豫平原灌区土壤盐碱化的原因及防治措施 [J]．水利水电技术，1962（1）：4－12.

[20] 王遵亲．排水在防治土壤盐渍化中的重要作用 [J]．土壤学报，1964（3）：129－132.

[21] 尤全刚，薛娴，黄翠华．地下水深埋区咸水灌溉对土壤盐渍化影响的初步研究——以民勤绿洲为例 [J]．中国沙漠，2011，31（2）：302－308.

[22] 方媛．基于 WET 的宁夏中北部典型地区土壤盐渍化研究 [D]．西安：长安大学，2012.

[23] 刘春雷．内蒙古河套平原地下水浅埋区土壤盐渍化研究 [D]．武汉：中国地质大学（武汉），2011.

[24] 韩桂红，塔西甫拉提·特依拜，买买提·沙吾提，等．渭-库绿洲地下水对土壤盐渍化和其逆向演替过程的影响 [J]．地理科学，2012，32（3）：362－367.

[25] 马彪，衣俊国．黑龙江省土壤盐渍化敏感性分析 [J]．环境科学与管理，2011，36（5）：133－135.

[26] 宋长春，邓伟．吉林西部地下水特征及其与土壤盐渍化的关系 [J]．地理科学，2000，20（3）：246－250.

[27] 杨建锋，章光新．松嫩平原西部水文情势变化下土壤盐渍化过程研究 [J]．干旱区资源与环境，2010，24（9）：168－172.

[28] 王遵亲，刘有昌，黎立群，等．山东聊城土壤盐渍化防治的区化及措施 [J]．土壤学报，1964，12（1）：10－22.

[29] 马海丽．黄河三角洲典型区地下水动态及其与土壤盐渍化的关系 [D]．济南：济南大学，2015.

[30] 范晓梅，刘高焕，唐志鹏，等．黄河三角洲土壤盐渍化影响因素分析 [J]．水土保持学报，2010，24（1）：139－144.

[31] Horton J. L., Kolb T. E., Hart S. C. Physiological response to groundwater depth varies among species and with river flow regulation [J]. Ecol. Appl., 2001, 11 (4): 1046－1059.

[32] Kahlown M. A., Ashraf M., Zia－ul－Haq. Effect of shallow groundwater table on crop water requirements and crop yields [J]. AGR WATER MANAGE, 2005, 76 (1): 24－35.

[33] Eamus D., Froend R., Loomes R. et al. A functional methodology for determining the groundwater regime needed to maintain the health of groundwater－dependent vegetation [J]. AUST J BOT, 2006, 54 (2): 97－114.

[34] Lubczynski M. W. The hydrogeological role of trees in water－limited environments [J]. HYDROGEOL J, 2009, 17 (1): 247－259.

[35] 张森琦，王永贵，朱桦，等．黄河源区水环境变化及其生态环境地质效应 [J]．水文地质工程地质，2003，30（3）：11－14.

[36] 樊自立，陈亚宁，李和平，等．中国西北干旱区生态地下水埋深适宜深度的确定 [J]．干旱区资源与环境，2008，22（2）：1－5.

[37] 马兴华，王桑．甘肃疏勒河流域植被退化与地下水位及矿化度的关系 [J]．甘肃林

业科技，2005，30（2）：53 - 54.

[38] 郭占荣，刘花台. 西北内陆盆地天然植被的地下水生态埋深 [J]. 干旱区资源与环境，2005，19（3）：157 - 161.

[39] 曾瑜，熊黑钢，谭新萍，等. 奇台绿洲地下水开采及其对地表生态环境作用分析 [J]. 干旱区资源与环境，2004，18（4）：124 - 127.

[40] 汤梦玲，徐恒力，曹李靖. 西北地区地下水对植被生存演替的作用 [J]. 地质科技情报，2001，20（2）：79 - 82.

[41] 郝兴明，陈亚宁，李卫红. 新疆塔里木河下游物种多样性与地下水位的关系. 地球科学进展，2005，20（2）：4106 - 4112.

[42] Xing - Ming H.，李卫红，Ya - Ning C. 新疆塔里木河下游荒漠河岸（林）植被合理生态水位 [J]. 植物生态学报，2008，32（4）：838 - 847.

[43] 郭占荣，刘花台. 西北内陆盆地天然植被的地下水生态埋深 [J]. 干旱区资源与环境，2005，19（3）：157 - 161.

[44] 孙才志，刘玉兰，杨俊. 下辽河平原地下水生态水位与可持续开发调控研究 [J]. 吉林大学学报（地球科学版），2007，37（2）：249 - 254.

[45] 金晓媚，胡光成，史晓杰. 银川平原土壤盐渍化与植被发育和地下水埋深关系 [J]. 现代地质，2009，23（1）：23 - 27.

[46] 钟华平，刘恒，王义，等. 黑河流域下游额济纳绿洲与水资源的关系 [J]. 水科学进展，2002，13（2）：223 - 228.

[47] Thierry P.，Prunier - Leparmentier A. M.，Lembezat C. et al. 3D geological modelling at urban scale and mapping of ground movement susceptibility from gypsum dissolution：The Paris example（France）[J]. ENG GEOL，2009，105（1 - 2）：51 - 64.

[48] 姜晨光，姜平，蔡伟，等. 城市地下水位变化与地面沉降关系的监测与分析 [J]. 地下水，2003，25（3）：133 - 135.

[49] 白永辉，张丽. 河北省沧州市地质灾害与地下水关系研究 [J]. 中国地质灾害与防治学报，2005，16（3）：71 - 73.

[50] 黄健民，邓雄文，胡让全. 广州金沙洲岩溶区地下水位变化与地面塌陷及地面沉降关系探讨 [J]. 中国地质，2015（1）：300 - 307.

[51] 陈蓓蓓，宫辉力，李小娟，等. 北京地下水系统演化与地面沉降过程 [J]. 吉林大学学报（地球科学版），2012（s1）：373 - 379.

[52] 杨勇，郑凡东，刘立才，等. 北京平原区地下水水位与地面沉降关系研究 [J]. 工程勘察，2013，41（8）：44 - 48.

[53] 姜媛，田芳，罗勇，等. 北京地区基于不同地面沉降阈值的地下水位控制分析 [J]. 中国地质灾害与防治学报，2015，26（1）：37 - 42.

[54] 沈宥宁. 北京近 15 年地下水位下降与地面沉降关系及南水北调初效 [J]. 科技展望，2016（25）：96.

[55] 罗文林，韩煊，杜修力，等. 北京东部区域地下水位变化特征及其对地面沉降的影响研究 [J]. 工业建筑，2016，46（11）：127 - 131.

[56] 陈亚宁，李卫红，徐海量，等. 塔里木河下游地下水位对植被的影响 [J]. 地理学报，2003，58（4）：542 - 549.

[57] 李明，宁立波，卢天梅. 土壤盐渍化地区地下水临界深度确定及其水位调控 [J].

灌溉排水学报，2015，34（5）：46－50.

[58] Thorburn P. J., Walker G. R., Woods P. H. Comparison of diffuse discharge from shallow water tables in soils and salt flats [J]. J HYDROL, 1992, 136 (1－4)：253－274.

[59] 陈崇希，裴顺平. 地下水开采-地面沉降模型研究 [J]. 水文地质工程地质，2001，28（2）：5－8.

[60] 崔亚莉，邵景力，谢振华，等. 基于 MODFLOW 的地面沉降模型研究——以北京市区为例 [J]. 工程勘察，2003（5）：19－22.

[61] 张丽，董增川，黄晓玲. 干旱区典型植物生长与地下水位关系的模型研究 [J]. 中国沙漠，2004，24（1）：110－113.

[62] 姜晨光，于雪鹏，蔡伟，等. 城市地面沉降与地下水位变化关系的数学模拟 [J]. 中国煤炭地质，2004，16（1）：29－31.

[63] 郑玉萍，王巍，韩晔，等. 天津市西青区地面沉降数值模拟研究 [J]. 地下水，2014（4）：113－117.

[64] 金晓媚，刘金韬. 黑河下游地区地下水与植被生长的关系 [J]. 水利水电科技进展，2009，29（1）：1－4.

[65] 李龙. 基于遥感技术的蒸散发与地下水之间的关系研究 [D]. 北京：中国地质大学（北京），2013.

[66] 张秀杰. 神经网络模型在地下水水位预测中的应用研究 [D]. 北京：清华大学，2002.

[67] Lallaham S., Mania J., Hani A. et al. On the use of neural networks to evaluate groundwater levels in fractured media [J]. J HYDROL, 2005, 307(s 1－4)：92－111.

[68] Nair S. S., Sindhu G. Groundwater level forecasting using Artificial Neural Network [J]. J HYDROL, 2005, 309：229－240.

[69] 温忠辉，廖资生. 用神经网络模型预测济宁市地下水水位变化规律 [J]. 水文地质工程地质，1999（5）：14－16.

[70] 郑书彦，李占斌，李喜安. 地下水位动态预测的人工神经网络方法 [J]. 水资源与水工程学报，2002，13（2）：14－16.

[71] 霍再林，冯绍元，康绍忠，等. 神经网络与地下水流动数值模型在干旱内陆区地下水位变化分析中的应用 [J]. 水利学报，2009，40（6）：724－728.

[72] 迟宝明，林岚，丁元芳. 基于遗传算法的 BP 神经网络模型在地下水动态预测中的应用研究 [J]. 工程勘察，2008（9）：36－41.

[73] 郭瑞，冯起，翟禄新，等. 改进型 BP 神经网络对民勤绿洲地下水位的模拟预测 [J]. 中国沙漠，2010，30（3）：737－741.

[74] 姜波，罗丽燕. 人工神经网络模型在枯季地下水位预测中的应用 [J]. 吉林水利，2010（9）：1－4.

[75] 刘博，肖长来，梁秀娟. SOM RBF 神经网络模型在地下水位预测中的应用 [J]. 吉林大学学报（地球科学版），2015（1）：225－231.

[76] 许骥. 基于遗传 BP 神经网络的地下水位预测模型 [J]. 地下水，2015（3）：19－21.

[77] 陈文芳. 中国典型地区地下水位控制管理研究 [D]. 北京：中国地质大学（北京），2010.

[78] 潘云，潘建刚，宫辉力，等．天津市区地下水开采与地面沉降关系研究 [J]．地球与环境，2004，32（2）：36 - 39.

[79] 贾莹媛，黄张裕，张蒙，等．含水组地下水位变化对地面沉降影响的多元回归分析与预测 [J]．工程勘察，2013，41（1）：77 - 80.

[80] Bekesi G．，Mcguire M．，Moiler D．Groundwater Allocation Using a Groundwater Level Response Management Method—Gnangara Groundwater System，Western Australia [J]．WATER RESOUR MANAG，2009，23（9）：1665 - 1683.

[81] K．F．Management of the environmental resources of the Kanto groundwater basin in Japan - land subsidence and monitoring system [J]．Land Subsidence，Associated Hazards and the Role of Natural Resources Development，2010（339）：408 - 413.

[82] Liu C．W．，Yenlu C．，Lin S．T．et al．Management of High Groundwater Level Aquifer in the Taipei Basin [J]．WATER RESOUR MANAG，2010，24（13）：3513 -3525.

[83] 闫学军，周亚萍，张伟，等．地下水开发利用水位水量"二元"指标管理模式研究 [J]．河北工业大学学报，2012，41（2）：65 - 68.

[84] Li F．，Feng P．，Zhang W．et al．An Integrated Groundwater Management Mode Based on Control Indexes of Groundwater Quantity and Level [J]．WATER RESOUR MANAG，2013，27（9）：3273 -3292.

[85] 方樟，谢新民，马喆，等．河南省安阳市平原区地下水控制性管理水位研究 [J]．水利学报，2014，45（10）：1205 - 1213.

[86] 方樟，谢新民，马喆，等．基于 GMS 的地下水控制管理警戒水位确定——以河南省安阳市为例 [J]．节水灌溉，2013（9）：57 - 60.

[87] 许一川．地下水总量控制和水位控制管理模式研究 [D]．北京：中国地质大学（北京），2013.

[88] 魏钰洁．海水入侵区的地下水开采控制方法及应用研究 [D]．郑州：郑州大学，2013.

[89] 邢俊生．井灌区控制性特征地下水位评价 [D]．哈尔滨：黑龙江大学，2014.

[90] 梁寅娇．山西省平原区地下水"双控"研究框架设计 [J]．山西水利，2014（7）：3 -4.

[91] 胡琪坤，戴鹏礼，杨晓涵．地下水控制性水位确定研究 [J]．南水北调与水利科技，2015（B02）：239 -240.

[92] 黄成敏，艾南山，姚建，等．西南生态脆弱区类型及其特征分析 [J]．长江流域资源环境，2003，12（5）：467 - 472.

[93] 常学礼，赵爱芬，李胜功．生态脆弱带的尺度与等级特征 [J]．中国沙漠，1999，19（2）：115 - 119.

[94] 冉圣宏，金建君，薛纪渝．脆弱生态区评价的理论与方法 [J]．自然资源学报，2002，14（1）：114 - 122.

[95] 邓楠．九十年代中国环境科学技术的使命与发展战略 [J]．环境工作通讯，1991（1）：28 - 29.

[96] 赵跃龙．中国脆弱生态环境类型分布及其综合治理 [M]．北京：中国环境科学出版社，1999.

［97］ 任海，彭少麟．恢复生态学导论［M］．北京：科学出版社，2001．

［98］ 申元村，张永涛．我国脆弱生态环境形成演变原因及区域分异探讨．生态环境综合整治与恢复技术研究（第一集）［M］．北京：科学技术出版社，1992．

［99］ 刘燕华．脆弱生态环境初探．生态环境综合整治和恢复技术研究（第一集）［M］．北京：科学技术出版社，1992．

［100］ 葛全胜，张坯远．环境脆弱带特征研究［J］．地理新论，1995，5（2）：17－27．

［101］ 朱震达．土地荒漠化问题研究现状与展望［J］．地理研究，1994，13（1）：104－111．

［102］ 杨勤业，张镜锉．中国的环境脆弱形势和危机区域［J］．地理研究，1992，11（4）：1－9．

［103］ 刘国华，傅伯杰，陈利顶，等．中国生态退化的主要类型、特征及分布［J］．生态学报，2000，20（1）：13－20．

［104］ 赵跃龙，刘燕华．中国脆弱生态环境分布及其与贫困的关系［J］．地球科学进展，1996，11（3）：245－249．

［105］ 李克让，陈育峰．全球气候变化下中国森林的脆弱性分析［J］．地理学报，1996，51（增刊）：40－49．

［106］ 蔡运龙，Barrysmith．全球气候变化下中国农业的脆弱性与适应对策［J］．地理学报，1996，51（3）：202－212．

［107］ 陶希东，赵鸿婕．河西走廊生态脆弱性评价及其恢复与重建［J］．干旱区研究，2002，19（4）：7－13．

［108］ 杨新，延军平．陕甘宁老区脆弱生态环境定量评价——以榆林、延安两市为例［J］．干旱区资源与环境，2002，16（4）：87－90．

［109］ 刘振乾，刘红玉，吕宪国．三江平原湿地生态脆弱性研究［J］．应用生态学报，2001，12（2）：241－244．

［110］ 黄淑芳．主成分分析及 MAPINFO 在生态环境脆弱性评价中的应用［J］．福建地理，2002，1：47－49．

［111］ Elizbeth R Smith. An overview of ERA's regional vulnerability assessment（ReVA）Program［J］．Environmental monitoring and assessment，2000，64：9－15．

［112］ 刘燕华，李秀彬．脆弱生态环境与可持续发展［M］．北京：商务印书馆，2001．

［113］ 王国．我国典型脆弱生态区生态经济管理研究［J］．中国生态农业学报，2001，9（4）：9－12．

［114］ 肖笃宁．生态脆弱区的生态重建与景观规划［J］．中国沙漠，2003，23（3）：6－11．

［115］ 陈海，梁小英．脆弱区生态重建的环境管理分析［J］．湖南第一师范学报，2002，2（2）：17－20．

［116］ 《地理学词典》委员会．地理学词典［M］．上海：上海辞书出版社，1982．

［117］ 宋郁东，樊自立，雷志栋，等．中国塔里木河流域水资源与生态问题研究［M］．乌鲁木齐：新疆人民出版社，2000．

［118］ 樊自立，马英杰，张宏，等．塔里木河流域生态地下水位及其合理深度确定［J］．干旱区地理，2004，27（1）：8－13．

［119］ 王芳，王浩，陈敏建，等．中国西北地区生态需水研究——基于遥感和地理信息系

统技术的区域生态需水计算及分析 [J]，自然资源学报，2002，17（2）：129 -137.

[120] 倪健，郭柯，刘海江，等．中国西北干旱区生态区划 [J]．植物生态学报，2005，29（2）：175 - 184.

[121] 白春艳．塔里木盆地平原区中盐度地下水分布及水质评价 [D]．乌鲁木齐：新疆农业大学，2013.

[122] 孙安帅．基于变值系统理论的水文地质参数分析及地下水资源计算 [D]．泰安：山东农业大学，2012.

[123] 丁宏伟，赵成，黄晓辉．疏勒河流域的生态环境与沙漠化 [J]．干旱区研究，2001，18（2）：5 - 10.

[124] 徐兆祥．河西走廊疏勒河流域中游地区水资源综合利用 [J]．干旱区资源与环境，1988，2（2）：47 - 51.

[125] 张少坤．基于 GIS 的水资源评价方法的应用研究 [D]．哈尔滨：东北农业大学，2008.

[126] 韩巍，胡立堂，陈崇希，等．疏勒河流域玉门一踏实盆地地下水流模型设计中几个问题的探讨 [J]．勘察科学技术，2005，1：15 - 18.

[127] 王光明．鸡西市地下水资源评价与水资源可持续利用研究 [D]．长春：吉林大学，2009.

[128] 闫成云．疏勒河流域中下游三大盆地地下水潜力评价 [J]．甘肃地质，2006，15（2）：81 - 84.

[129] 段志俊．玉门市地下水位持续下降成因及治理对策 [J]．甘肃水利水电技术，2009，45（8）：18 - 19.

[130] 李建峰．基于 GIS 的流域水资源数量评价方法及应用研究 [D]．郑州：郑州大学，2005.

[131] 程远顺．河西走廊玉门市花海盆地地下水现状分析 [J]．甘肃农业，2011，9：8 -9.

[132] 屈君霞，喻生波．疏勒河干流地表水与地下水水化学特征及相互转化关系 [J]．甘肃科技，2007，23（4）：119 - 119.

[133] 贾宁．党河流域水资源保护与可持续利用研究 [D]．兰州：兰州大学，2008.

[134] 安家豪，王峥，殷青芳，等．多方法地下水资源评价在水资源论证中的应用 [J]．勘察科学技术，2009，05：52 - 56.

[135] 张明泉，赵转军，曾正中．敦煌盆地水环境特征与水资源可持续利用 [J]．干旱区资源与环境，2003.17（4）：71 - 77.

[136] 陈超．基于 GIS 的第四系地下水资源价值研究 [D]．北京：中国地质大学（北京），2012.

[137] Edmunds W M，Ma J，Aeschbach - Hertig W，et al. Darbyshire DPF（2006）Groundwater recharge history and hydrogeochemical evolution in the Minqin Basin，North West China [J]. Appl Geochem，2006，21（12）：2148 - 2170.

[138] Ji X，Kang E，Chen R，et al. The impact of the development of water resources on environment in arid inland river basins of Hexi region，Northwestern China [J]. Environ Geo，2006，50（6）：793 - 801.

[139] Ma J，He J，Qi S，et al. Groundwater recharge and evolution in the Dunhuang Basin，

northwestern China [J]. Appl Geochem, 2013, 28: 19 - 31.

[140] 孙承志. 干旱山区地下水资源开发应用研究 [D]. 北京: 中国地质大学（北京），2007.

[141] He J, Ma J, Zhang P, et al. Groundwater recharge environments and hydrogeochemical evolution in the Jiuquan Basin, Northwest China [J]. Appl Geochem, 2012, 27 (4): 866 - 878.

[142] Mullaney J R, Lorenz D L, Arntson A D. Chloride in groundwater and surface water in areas underlain by the glacial aquifer system, northern United States [M]. Reston, VA: US Geological Survey, 2009.

[143] 陈植华, 徐恒力. 确定干旱-半干旱地区降水入渗补给量的新方法-氯离子示踪法 [J]. 地质科技情报, 1996, 15 (3): 87 - 92.

[144] 张同泽. 石羊河流域水资源合理配置与危机应对策略 [D]. 杨凌: 西北农林科技大学，2007.

[145] 郭洪宇. 区域水资源评价模型技术及其应用研究 [D]. 北京: 中国农业大学，2001.

[146] 肖志娟. 区域水资源评价及优化配置研究 [D]. 西安: 西安理工大学，2006.

[147] Nimmo J R, Healy R W, Stonestrom D A. Aquifer recharge [J]. Encyclopedia of Hydrological Sciences, 2003. DOI: 10. 1002/0470848944. hsal61a.

[148] Scanlon B R, Healy R W, Cook P G. Choosing appropriate techniques for quantifying groundwater recharge [J]. Hydrogeology Journal, 2002, 10 (1): 18 - 39.

[149] 赵宝峰. 干旱区水资源特征及其合理开发模式研究 [D]. 西安: 长安大学，2010.

[150] 关锋. 地下水资源管理工作评价体系研究 [D]. 郑州: 郑州大学，2010.

[151] 彭淑娟. 干旱地区典型生态系统水资源评价技术方法研究 [D]. 呼和浩特: 内蒙古农业大学，2007.